Python从基础到实践

（教学视频版）

迟殿委 主编

清华大学出版社
北京

内容简介

本书按照Python语言的核心编程知识和企业应用开发所需，将主要内容划分为三篇：Python基础篇、Python进阶篇、Python应用篇。根据每篇的主要内容设计对应的贯穿阶段项目案例，贯穿项目案例贯穿整篇的各个章节中。第1篇为Python基础篇，包括第1～5章，以"学生管理系统"作为贯穿项目，主要讲解了计算机语言、Python语言的特点，接着介绍Python开发环境的搭建，并学会开发基础Python程序。第2篇为Python进阶篇，包括第6～9章，仍然以"学生管理系统"为贯穿项目，重点开发信息增加、查询和修改功能。主要讲解了Python复杂数据类型、Python文件读写与异常、Python类和模块以及图形化界面设计包tkinter的基本使用，为编程能力提升奠定基础。第3篇为Python应用篇，包括第9～12章，以大数据综合分析项目为贯穿项目，主要讲解了Python常见模块、网络爬虫及应用、数据分析与可视化，重点提升读者应用Python进行数据分析和可视化开发的能力。

本书配套讲义、教材案例及贯穿项目源代码、教学视频、实训任务书、课程大纲等资源，适合作为高等院校计算机、软件工程、数据科学与大数据技术等本科专业教材，也可供广大科技工作者和工程技术人员参考。

图书在版编目(CIP)数据

Python从基础到实践 ：教学视频版 / 迟殿委主编.
北京 ：清华大学出版社，2025. 1. --（清华开发者学堂）.
ISBN 978-7-302-67940-0

Ⅰ. TP312.8

中国国家版本馆CIP数据核字第20255YM564号

责任编辑：张 玥 薛 阳
封面设计：吴 刚
责任校对：胡伟民
责任印制：沈 露

出版发行：清华大学出版社
网　　址：https://www.tup.com.cn，https://www.wqxuetang.com
地　　址：北京清华大学学研大厦A座　　**邮　　编**：100084
社 总 机：010-83470000　　**邮　　购**：010-62786544
投稿与读者服务：010-62776969，c-service@tup.tsinghua.edu.cn
质量反馈：010-62772015，zhiliang@tup.tsinghua.edu.cn
课件下载：https://www.tup.com.cn，010-83470236
印 装 者：三河市龙大印装有限公司
经　　销：全国新华书店
开　　本：185mm×260mm　　**印　　张**：14.25　　**字　　数**：360字
版　　次：2025年3月第1版　　**印　　次**：2025年3月第1次印刷
定　　价：49.80元

产品编号：107934-01

前言

Python是当今最受欢迎的编程语言之一，随着大数据分析和人工智能技术的发展，市场对基于Python的数据分析与应用开发人才需求量巨大。本书以三个典型综合开发项目贯穿各个章节的内容，并将项目拆分为实训任务织入不同的章节中，将知识点进行串联，方便高校教师开展项目驱动式教学。

本书以企业实际开发岗位需求为基础，以软件开发人员实战能力和工程师素质培养为目标，梳理Python编程基础和应用开发的知识点，形成Python基础、Python进阶和Python应用三个知识单元。每个知识单元以典型综合项目贯穿各章节，为教师开展项目驱动式教学提供支持。本书技术点全面、案例丰富，对知识点讲解细致、通俗易懂，能够让读者在学习过程中更加轻松，并配套讲义、教材案例、教学视频及贯穿项目源代码等资源。通过本书的学习，学生不仅能够全面掌握Python基础开发相关内容，还能够提升读者使用Python语言进行数据采集、分析和可视化开发的能力。本书可作为高等院校计算机、软件工程、数据科学与大数据技术等本科专业教材，也可供相关技术人员参考。

全书将主要内容划分为三个知识单元：Python基础篇、Python进阶篇、Python应用篇。根据每篇的主要内容设计对应的贯穿阶段项目案例，贯穿项目案例贯穿整篇的各个章节中。第1篇为Python基础篇，对应教材前5章，旨在夯实读者的Python编程基础。第2篇为Python进阶篇，对应教材第6～9章，旨在提升读者编程实践水平，重点讲解Python类和对象、复杂数据类型、Python文件读写以及GUI编程相关内容。第3篇为Python应用篇，包括第9～12章，本篇旨在提升学生综合开发实战水平，重点讲解Python常见模块、网络爬虫及应用、数据分析与可视化，通过综合实战项目对本教材重点知识进行巩固和综合应用。

本书具有以下特点。

(1) 本书是以项目驱动教学模式理念设计的教材，全书内容以软件项目案例驱动，将内容划分为三个知识单元，然后根据各知识单元匹配阶段项目案例，贯穿项目案例贯穿于整个知识单元的各个章节。

(2) 本书技术点全面、案例丰富，注重理论与实践相结合。每个知识点包含基础案例,每个知识单元配套了综合贯穿案例,用于对知识点的巩固和综合运用,提升读者实战水平。

(3) 教材为每个知识单元配套了教学参考视频,视频包括每个章节的整体讲解和重点内容分析、程序分析和运行等。该部分内容既可以作为教师的教学参考材料,也可以作为学生自主学习资源提供。

(4) 教材提供教学课件、章节案例源码、贯穿项目源码、习题答案、教学参考视频等丰富的配套资源。读者可在清华大学出版社官方网站下载。

本书由迟殿委主编,迟殿委、刘衍琦、黄甜甜、杨嘉耀共同编写。其中,迟殿委主导设计本书整体结构和贯穿项目,编写了第 1～12 章和各章综合案例设计,并统稿,刘衍琦参与编写了第 10～12 章,黄甜甜参与编写了第 1～5 章,杨嘉耀参与编写了第 6～9 章。在编写过程中,吸取了国内外教材的精髓,对这些作者的贡献表示由衷的感谢。在本书的出版过程中,得到了王培进教授的支持和帮助;还得到了清华大学出版社的大力支持,在此表示诚挚的感谢。

由于作者水平有限,书中难免有不妥和疏漏之处,恳请各位专家、同仁和读者不吝赐教和批评指正,并与作者讨论。

配套资源

迟殿委

2024 年 10 月于烟台

目录

第1篇　Python基础篇

第1章　Python语言概述　/5

第2章　Python基础语法　/20

第1篇

Python 基础篇

本篇主要讲解计算机语言、Python语言的特点，以及Python开发环境的搭建，带领读者开始开发自己的第一个Python程序。本篇对应的项目案例为：学生管理系统（控制台版），具体项目需求和最终效果如下描述。

学生管理系统共包括7个功能，分别是添加学生信息、删除学生信息、修改学生信息、查询所有学生信息、组合学生信息、查询学生电话和退出系统。

进入系统后，其欢迎页面和功能选项如下。

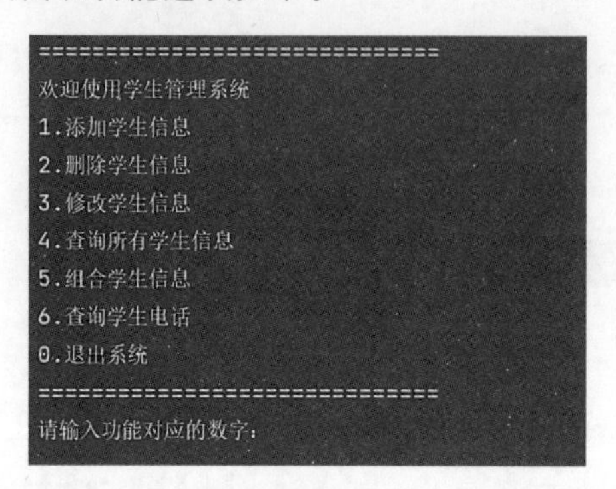

用户输入“1”，进入“添加学生信息”的功能界面，根据提示，依次输入学生的姓名、性别和手机号码，输入完毕后显示学生信息，同时再次出现功能选择页面如下。

```
==============================
请输入功能对应的数字：1
请输入新学生的姓名:张三
请输入新学生的性别:女
请输入新学生的手机号码:1111111111
[{'name': '张三', 'sex': '女', 'phone': '1111111111'}]
==============================
欢迎使用学生管理系统
1.添加学生信息
2.删除学生信息
3.修改学生信息
4.查询所有学生信息
5.组合学生信息
6.查询学生电话
0.退出系统
==============================
请输入功能对应的数字：
```

将所有学生信息输入完毕后，可选择功能2删除学生信息，删除成功后，输出“删除成功！”的提示信息，如下所示。

```
==============================
欢迎使用学生管理系统
1.添加学生信息
2.删除学生信息
3.修改学生信息
4.查询所有学生信息
5.组合学生信息
6.查询学生电话
0.退出系统
==============================
请输入功能对应的数字：2
请输入要删除的序号：3
删除成功！
```

功能 3 可修改学生信息，首先选择要修改哪个学生的序号，重新输入要修改的学生姓名、性别和手机号码即可完成修改，如下所示。

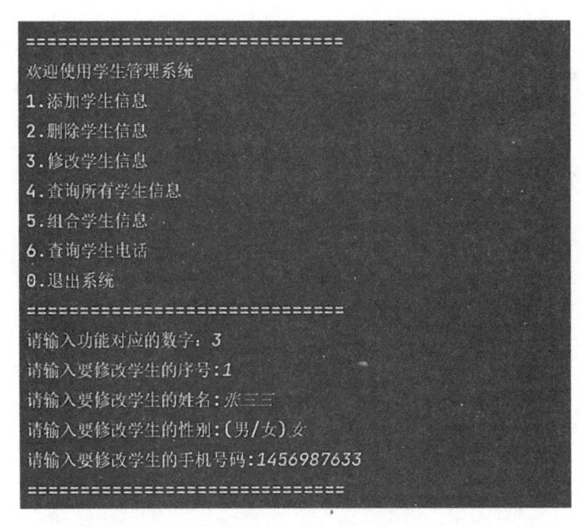

功能 4 可查询所有的学生信息，将学生信息以表的形式显示出来，如下所示。

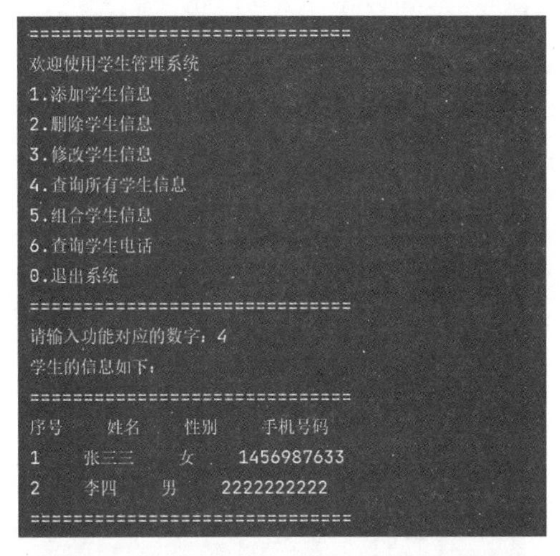

功能 5 可将学生信息组合起来，以句子“序号、学生的姓名是…，性别是…，手机号码是…”的形式展示，如下所示。

```
================================
欢迎使用学生管理系统
1.添加学生信息
2.删除学生信息
3.修改学生信息
4.查询所有学生信息
5.组合学生信息
6.查询学生电话
0.退出系统
================================
请输入功能对应的数字：5
学生的信息如下：
================================
1、学生的姓名是张三三，性别是女，手机号码是1456987633
2、学生的姓名是李四，性别是男，手机号码是2222222222
================================
```

功能 6 可根据学生的姓名查询学生的手机号码，并打印输出查询结果，并询问用户是否要重新查询，若用户输入“y”可再次查询，若输入“n”则返回功能页面，如下所示。

功能 7 的序号为“0”，可以退出系统，选择数字“0”后，系统会再次跟用户确认是否要确定退出，如果用户输入“No”，则回到功能页面，如果用户输入“Yes”（大小写均可），则退出系统，结束程序。页面如下所示。

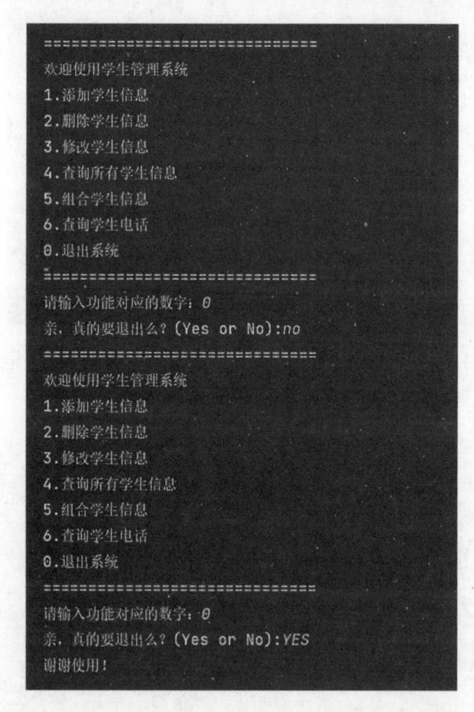

第1章 Python语言概述

Python 是目前非常流行的编程语言，具有简洁、易读、可扩展等特点，已经被广泛应用到各个领域。从 Web 开发，到运维开发、搜索引擎，再到机器学习，甚至到游戏开发，都能够看到 Python 的广泛应用。在当前这个云计算、大数据、物联网、人工智能、区块链等新兴技术蓬勃发展的新时代，Python 正扮演着越来越重要的角色。对于编程初学者而言，Python 是比较理想的选择。本章从计算机语言开始讲起，然后给出 Python 简介，接着介绍 Python 开发环境的搭建，最后练习自己的第一个 Python 程序。

1.1 计算机语言

计算机语言是用于人与计算机之间通信的语言，也是人与计算机之间传递信息的媒介。计算机系统的最大特征是将指令通过一种语言传达给机器。为了使电子计算机进行各种工作，就需要有一套用于编写计算机程序的字符和语法规则，由这些字符和语法规则组成的各种指令（或各种语句）就是计算机能够接受的语言。

计算机语言的种类很多，按照其发展过程可以分为机器语言、汇编语言和高级语言。

1. 机器语言

机器语言是机器能直接识别的程序语言或指令代码，无须经过翻译，每一操作码在计算机内部都有相应的电路来完成它，或指不经翻译即可为机器直接理解和接受的程序语言或指令代码。机器语言指令是一种由“0”和“1”组成的二进制代码，由操作码和操作数两部分组成，是第一代计算机语言。不同的计算机有各自的机器语言，即指令系统。从使用的角度看，机器语言是最低级的语言。机器语言具有灵活、可直接执行和速度快等特点，但是可读性差，还容易出错。

2. 汇编语言

汇编语言是任何一种用于电子计算机、微处理器、微控制器或其他可编程器件的低级语言，也称为符号语言。在汇编语言中，用助记符代替机器指令的操作码，用地址符号或标号代替指令或操作数的地址。在不同的设备中，汇编语言对应着不同的机器语言指令集，通过汇编过程转换成机器指令。特定的汇编语言和特定的机器语言指令集是一一对应的，不同平台之间不可直接移植。汇编语言是第二代计算机语言。

因为汇编语言只是将机器语言做了简单编译，所以并没有从根本上解决机器语言的特定性，所以汇编语言和机器自身的编程环境息息相关，推广和移植很难，但是还是保持了机器语言优秀的执行效率，因为它的可阅读性和简便性，汇编语言到现在依然是常用的编程语言之一。汇编语言不像其他大多数的程序设计语言一样被广泛用于程序设计。在今天的实际应用中，它通常被应用在底层，硬件操作和高要求的程序优化的场合。驱动程序、嵌入式操作系统和实时运行程序都需要汇编语言。

3. 高级语言

由于汇编语言依赖于硬件体系，且助记符量大难记，于是人们又发明了更加简单易用的高级语言。高级语言主要是相对于汇编语言而言的，它是较接近自然语言和数学公式的编程，基本脱离了机器的硬件系统，用人们更易理解的方式编写程序。

和汇编语言相比，高级语言不但将许多相关的机器指令合成为单条指令，并且去掉了与具体操作有关但与完成工作无关的细节，大大简化了程序中的指令。高级语言与计算机的硬件结构及指令系统无关，它有更强的表达能力，可方便地表示数据的运算和程序的控制结构，能更好地描述各种算法，而且容易学习掌握。但高级语言编译生成的程序代码一般比用汇编程序语言设计的程序代码要长，执行的速度也慢。

高级语言编写的程序不能直接被计算机识别，必须经过转换才能被执行。在程序真正运行之前必须将源代码转换成二进制指令，根据转换的时机不同，总体上可分为两类：编译型语言和解释型语言。两者在以下方面存在一定的区别：编译型语言在程序执行之前需要一个专门的编译过程，通过编译器把程序编译成为可执行文件，再由机器运行这个文件，运行时不需要重新翻译，直接使用编译的结果。而解释型语言是一边执行一边转换的，其不会由源代码生成可执行文件，而是先翻译成中间代码，再由解释器对中间代码进行解释运行，每执行一次都要翻译一次。

高级语言主要是相对于低级语言而言的，它并不是特指某一种具体的语言，而是包括很多种编程语言，如流行的 Java、C、C++、C#、Pascal、Python、Scala、PHP 等，这些语言的语法、命令格式都各不相同。本书将带领读者一起学习高级程序语言 Python 编程。

1.2 Python 简介

本节介绍什么是 Python、Pythom 语言的特点。

1.2.1 什么是 Python

Python 是 1989 年由荷兰人吉多·范罗苏姆(Guido van Rossum)发明的一种面向对象的解释型高级编程语言，它的标志如图 1-1 所示。Python 的第一个公开发行版于 1991 年发行，2004 年以后，Python 的使用率呈线性增长。发展到今天，Python 已经成为最受欢迎的程序设计语言之一。

图 1-1　Python 的标志

Python 常被称为“胶水语言”，能够把用其他语言（尤其是 C/C++）制作的各种模块很轻松地连接在一起。常见的一种应用情形是，使用 Python 快速生成程序的原型，然后对其中有特别要求的部分用更合适的语言进行改写。

Python 的设计哲学是“优雅”“明确”“简单”。在设计 Python 语言时，Python 通常会使用明确地没有或者很少有歧义的语法。总体来说，选择 Python 开发程序具有简单、开发速度快、节省时间和精力等特点。Python 之父吉多·范罗苏姆曾说“Life is short，you need Python（人生苦短，我用 Python）”。

1.2.2　Python 语言的特点

Python 作为一门高级编程语言，虽然诞生的时间并不长，但是发展速度很快，已经成为很多编程爱好者开展入门学习的第一门编程语言。但是，作为一门编程语言，Python 也和其他编程语言一样，有着自己的优点和缺点。

1. Python 语言的优点

1）语言简单

Python 是一门语法简单且风格简约的易读语言。它注重的是如何解决问题，而不是编程语言本身的语法结构。Python 语言丢掉了分号以及花括号这些仪式化的东西，使得语法结构尽可能地简洁，代码的可读性显著提高。

相较于 C、C++、Java 等编程语言，Python 提高了开发者的开发效率，削减了 C、C++ 以及 Java 中一些较为复杂的语法，降低了编程工作的复杂程度。实现同样的功能时，Python 语言所包含的代码量是最少的，代码行数是其他语言的 1/5～1/3。

2）开源、免费

开源，即开放源代码，也就是所有用户都可以看到源代码。Python 的开源体现在两方面：首先，程序员使用 Python 编写的代码是开源的；其次，Python 解释器和模块是开源的。

注意，开源并不等于免费，开源软件和免费软件是两个概念，只不过大多数的开源软件也是免费软件。Python 就是这样一种语言，它既开源又免费。用户使用 Python 进行开发或者发布自己的程序，不需要支付任何费用，也不用担心版权问题，即使用于商业用途，Python 也是免费的。

3）面向对象

面向对象的程序设计，更加接近人类的思维方式，是对现实世界中客观实体进行的结构和行为模拟。Python 语言完全支持面向对象编程，如支持继承、重载运算符、派生以及多继承等。与 C++ 和 Java 相比，Python 以一种非常强大而简单的方式实现面向对象编程。

需要说明的是，Python 在支持面向对象编程的同时，也支持面向过程的编程，也就是说，它不强制使用面向对象编程，这使得其编程更加灵活。在“面向过程”的编程中，程序是由过程或仅仅是可重用代码的函数构建起来的。在“面向对象”的编程中，程序是由数据和功能组合而成的对象构建起来的。

4）跨平台

由于Python是开源的，因此它已经被移植到许多平台上。如果能够避免使用那些需要依赖于系统的特性，那就意味着，所有Python程序都无须修改就可以在很多平台上运行，包括Linux、Windows等。

解释型语言几乎天生就是跨平台的。Python作为一门解释型语言，天生具有跨平台的特征，只要为平台提供了相应的Python解释器，Python就可以在该平台上运行。

5）强大的生态系统

在实际应用中，Python语言的用户群体，绝大多数并非专业的开发者，而是其他领域的爱好者。对于这一部分用户来说，他们学习Python语言的目的不是去做专业的程序开发，而仅仅是使用现成的类库去解决实际工作中的问题。Python拥有庞大的生态系统，刚好能满足这些用户的需求。

2. Python语言的缺点

1）速度慢

Python是解释型语言，它的速度会比C、C++和Java等慢一些，不过对于用户而言，机器上运行速度是可以忽略的，再加上现在的硬件配置一般都很高，硬件性能的提升也可以弥补软件性能的不足。所以，一般来说，用户根本感觉不出来这种速度的差异，不影响使用，除非是一些实时性比较强的程序可能会受到一些影响，但是也可以通过嵌入C程序等方法解决。

2）代码不能加密

Python是解释型语言，它的开源性导致Python语言不能加密，在发布Python程序时，实际上就是发布源代码。这与C语言等编译型语言不同，编译型语言只需将编译后的机器码(.exe文件)发布出去，从机器码很难反推出源代码，不易被破解。Python也有一些其他加密方法，但都不是很理想。

3）版本不兼容

Python的任何一个版本都是无法向上兼容或者是向下兼容的，使用哪一个版本的Python开发出来的程序就只能够用那一个版本的Python解释器去执行。因为在Python的每一次版本更新之后都会对语法或者是一些机制做出相应的改动，就像是原先的关键字变为函数一样。而一旦使用了不同Python版本的解释器去执行Python程序，就会导致解释器不知道这个代码的作用是什么而导致报错。

目前应用最多的是Python 2和Python 3这两个版本。Python 3将原本Python 2中的许多语法都改成了内置函数，并且还添加和修改了很多的执行机制，甚至在编码风格上也有所不同，执行机制不一样导致不同版本无法兼容。版本不兼容导致增加了很多代码迁移工作，甚至根本无法迁移。

4）多线程性能瓶颈

Python的另一个大问题是，对多处理器支持不友好。GIL(Global Interpreter Lock)是Python中的全局解释器锁，是一个互斥锁。当Python的默认解释器要执行字节码时，都需要先申请这个锁。这意味着，如果试图通过多线程扩展应用程序，将总是被这个全局解释器所限制。当然,可以使用多进程的架构来提高程序的并发,也可以选择不同的 Python 实现来运行程序。

1.3 Python 开发环境的搭建

本节介绍 Python 的安装、使用交互式执行环境、运行代码文件、使用 IDLE 编写代码以及第三方开发工具。

1.3.1 安装 Python

Python 可以用于多种平台,包括 Windows、Linux 和 mac OS 等。本书下载安装的 Python 版本是 3.11.4。请到 Python 官方网站下载与自己计算机的操作系统相匹配的安装包。在安装过程中,可选中 Add Python.exe to PATH 复选框,如图 1-2 所示,可在安装过程中自动配置 PATH 环境变量,避免了手动配置的过程。

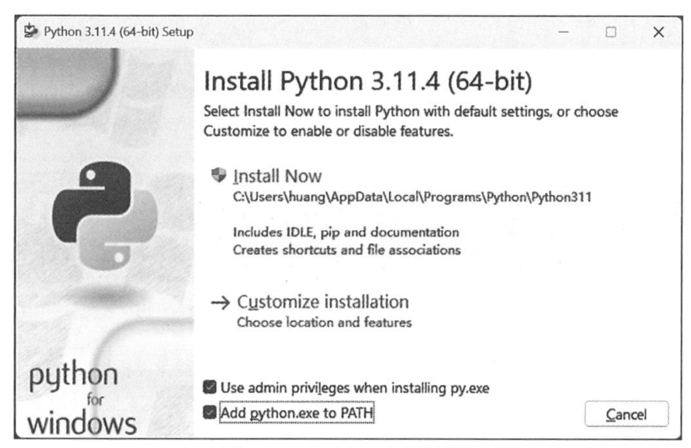

图 1-2 Python 安装界面

安装完成后,需要检测是否安装成功,打开 Windows 操作系统的 cmd 命令界面,并在命令提示符后输入"Python"后回车,如果出现如图 1-3 所示信息,则说明 Python 已成功安装。

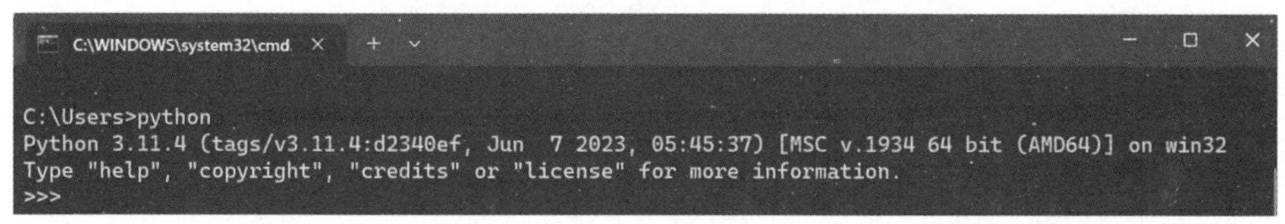

图 1-3 Python 命令行界面

1.3.2 使用交互式执行命令

如图 1-3 所示的界面是一个交互式执行环境(也称为"解释器"),可以在 Python 命令提示符"＞＞＞"后输入 Python 代码,按 Enter 键后可得到执行结果,如图 1-4 所示。

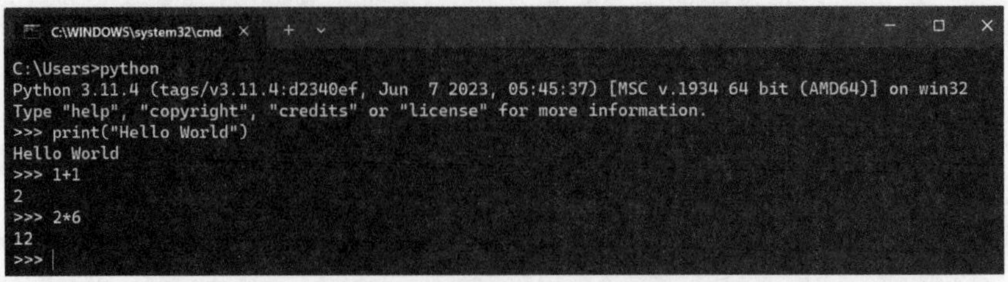

```
C:\WINDOWS\system32\cmd
C:\Users>python
Python 3.11.4 (tags/v3.11.4:d2340ef, Jun  7 2023, 05:45:37) [MSC v.1934 64 bit (AMD64)] on win32
Type "help", "copyright", "credits" or "license" for more information.
>>> print("Hello World")
Hello World
>>> 1+1
2
>>> 2*6
12
>>>
```

图 1-4　**Python** 执行代码

1.3.3　运行代码文件

假设在计算机的 D 盘的根目录中已经存在一个 Python 的代码文件 hello.py，该文件中只有一行代码，如文件 1.1 所示。

【文件 1.1】　**hello.py**

```
print("Hello World!")
```

在命令提示符界面输入如下语句可执行该代码。

```
Python D:\hello.py
```

执行结果如图 1-5 所示。

图 1-5　**Python** 运行文件代码

1.3.4　使用 IDLE 编写代码

Python 安装成功之后，会自带一个集成式开发环境 IDLE，它是一个 Python Shell，帮助程序开发人员和 Python 进行交互。

在 Windows 操作系统的“开始”菜单→Python 3.11→IDLE(Python 3.11 64-bit)中单击启动 IDLE，进入 IDLE 的主窗口，如图 1-6 所示。在 Python 命令提示符“＞＞＞”后输入 Python 代码，回车后立即得到运行结果。

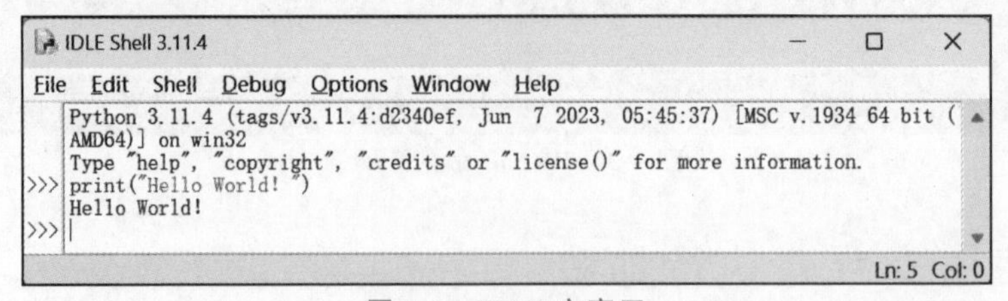

图 1-6　**IDLE** 主窗口

在 IDLE 中同样可以创建代码文件，在菜单栏选择 File→New File，会弹出新的文本界面窗口，可在其中输入 Python 代码。代码输入完毕后，在顶部菜单栏选择 File→Save As，把文件保存为 hello.py，如图 1-7 所示。

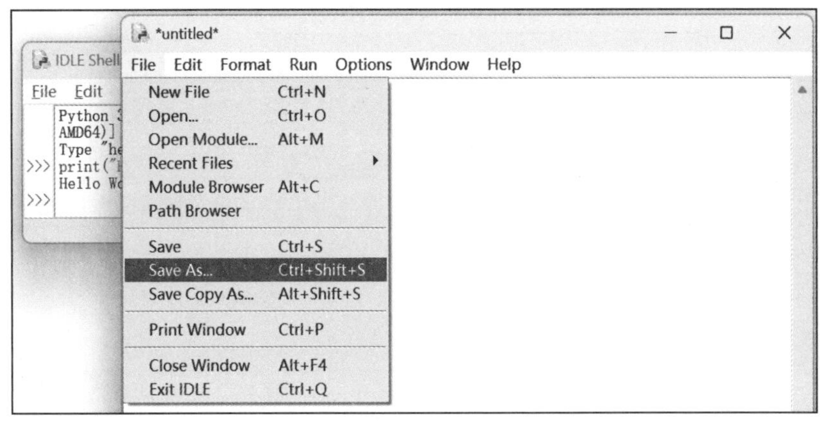

图 1-7 IDLE 文件

如要运行代码文件，在菜单栏选择 Run→Run Module，如图 1-8 所示，或直接使用快捷键 F5，即可运行程序，运行结果显示在 IDLE Shell 窗口中，如图 1-9 所示。

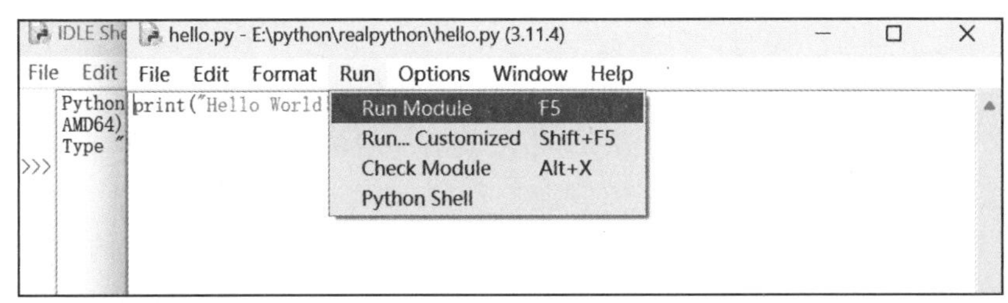

图 1-8 Run Module

图 1-9 程序执行结果

在实际开发中，可以使用 IDLE 提供的常用快捷键来提高开发效率，见表 1-1。

表 1-1 IDLE 快捷键

快捷键	说　　明	适用范围
F1	打开 Python 帮助文档	Python 文件窗口和 Shell 窗口均可用
Alt+P	浏览历史命令(上一条)	仅 Python Shell 窗口可用
Alt+N	浏览历史命令(下一条)	仅 Python Shell 窗口可用
Alt+/	自动补全前面曾经出现过的单词，如果之前有多个单词具有相同前缀，可以连续按下该快捷键，在多个单词中间循环选择	Python 文件窗口和 Shell 窗口均可用
Alt+3	注释代码块	仅 Python 文件窗口可用

续表

快捷键	说　明	适用范围
Alt+4	取消代码块注释	仅 Python 文件窗口可用
Alt+G	转到某一行	仅 Python 文件窗口可用
Ctrl+Z	撤销一步操作	Python 文件窗口和 Shell 窗口均可用
Ctrl+Shift+Z	恢复上一次的撤销操作	Python 文件窗口和 Shell 窗口均可用
Ctrl+S	保存文件	Python 文件窗口和 Shell 窗口均可用
Ctrl+]	缩进代码块	仅 Python 文件窗口可用
Ctrl+[	取消代码块缩进	仅 Python 文件窗口可用
Ctrl+F6	重新启动 Python Shell	仅 Python Shell 窗口可用

1.3.5 第三方开发工具

为了更好地进行程序编写，可以选择第三方开发工具进行 Python 编程，如 PyCharm。PyCharm 是一款使用广泛、功能齐全的 Python 编辑器，具有跨平台性，可以应用于 Windows、Linux 和 mac OS 系统中。PyCharm 具有一般的集成式开发环境应具备的功能，如调试、语法高亮、项目管理、代码跳转、智能提示、自动完成和版本控制等功能，容易上手，读者可自行到 PyCharm 官方网址下载安装。如图 1-10 所示为 PyCharm 的初始界面。

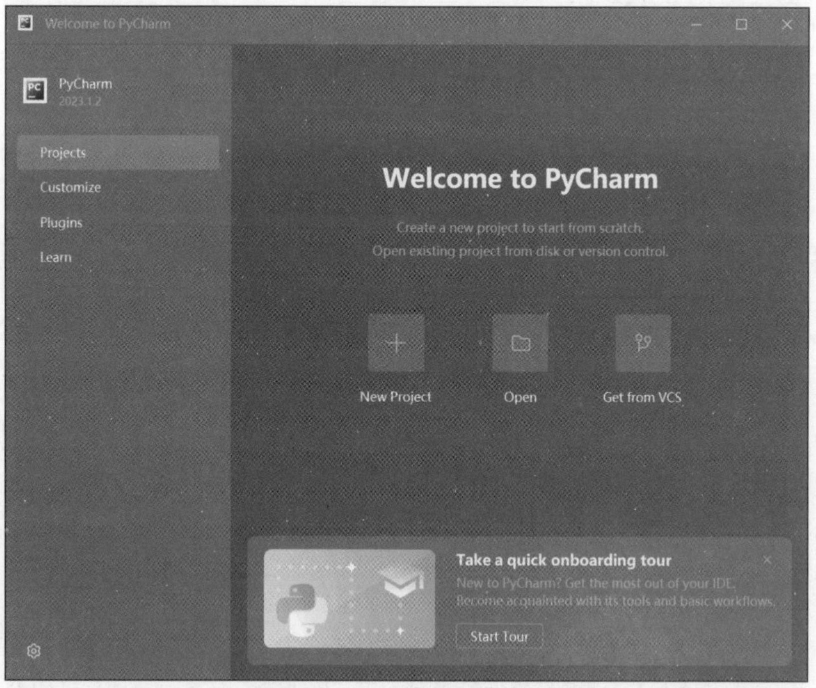

图 1-10　PyCharm 界面

还有其他第三方开发工具，如 Eclipse、Jupyter Notebook 等，也能够支持 Python 开发，程序开发人员可以根据自己的实际情况选择合适的开发工具。

PyCharm 现在在官网 https://www.jetbrains.com/pycharm/download/上分为两个版本，第一个版本是 Professional(专业版本)，这个版本功能更加强大，主要是为 Python 和 Web 开发者而准备，是需要付费的。第二个版本是 Community(社区版)，一个专业版的精简版，比较轻量级，主要是为 Python 和数据专家而准备的。一般做开发时，下载社区版已经足够。

图 1-11　PyCharm 官网

具体安装过程如下。

(1) 找到下载 PyCharm 的路径，双击.exe 文件进行安装，如图 1-12 所示。

图 1-12　开始安装界面

(2) 直接单击 Next 按钮，可以看到如图 1-13 所示的窗口，这里是设置 PyCharm 的安装路径(尽量不要选择带中文和空格的目录)，建议不要安装在系统盘(通常 C 盘是系统盘)。

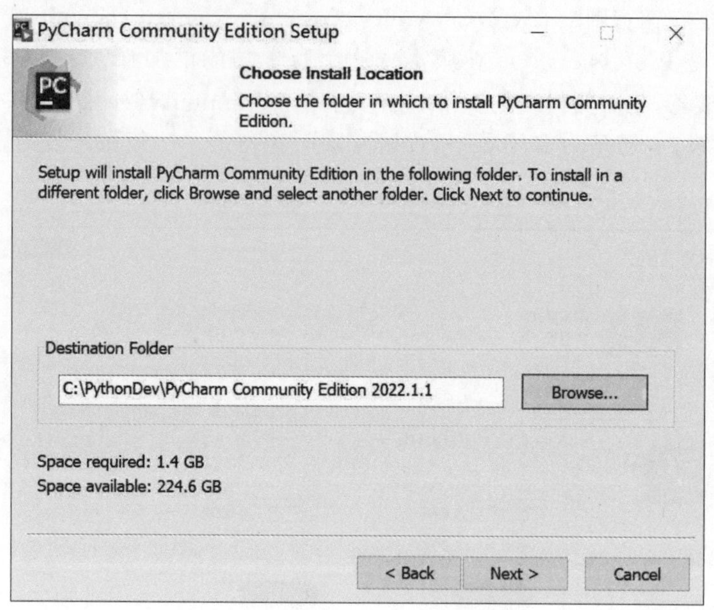

图 1-13　设置 PyCharm 安装路径

(3) 继续单击 Next 按钮，进入 Installation Options(安装选项)页面，将复选框全部勾选上，如图 1-14 所示。单击 Next 按钮。

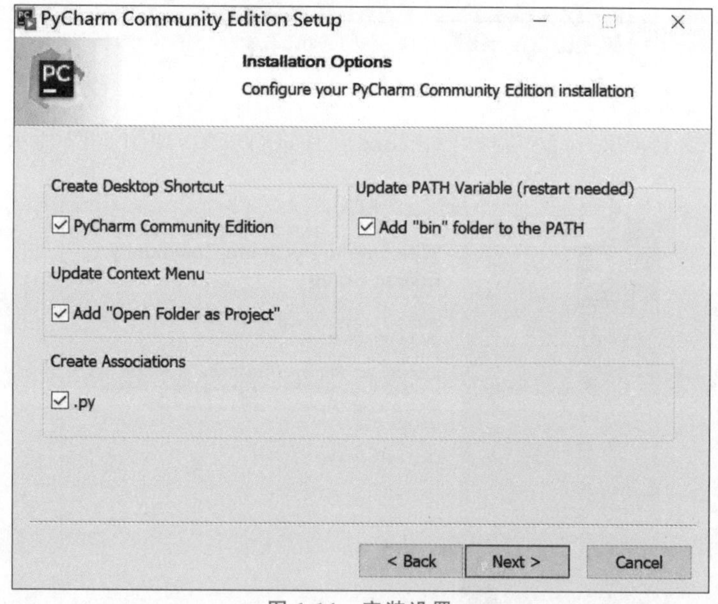

图 1-14　安装设置

(4) 进入 Choose Start Menu Folder 页面，直接单击 Install 按钮进行安装，如图 1-15 所示。

(5) 等待安装完成后出现如图 1-16 所示界面，单击 Finish 按钮完成。

需要注意的是，首次启动 PyCharm，会自动进行配置 PyCharm 的过程(选择 PyCharm 界面显式风格等)，读者可根据自己的喜好进行配置，由于配置过程非常简单，这里不再给出

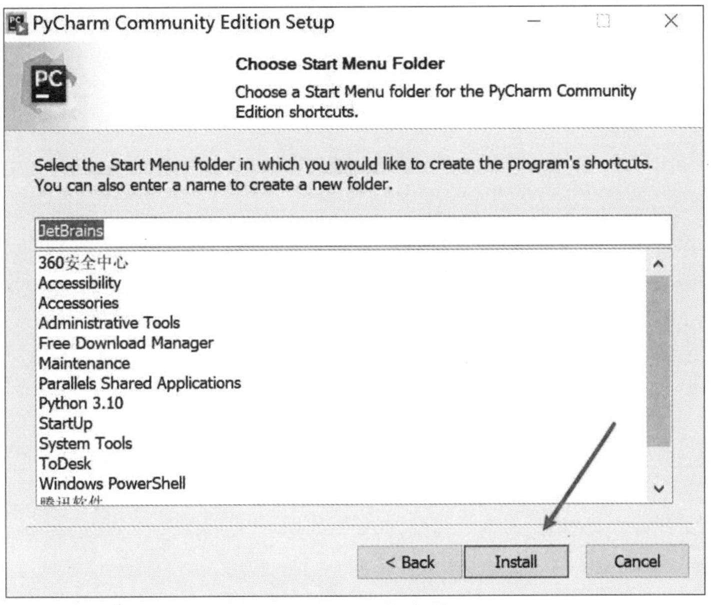

图 1-15　正在安装

图 1-16　安装成功

具体图示。也可以直接退出,即表示全部选择默认配置。

安装 PyCharm 完成之后,打开它会显示如图 1-17 所示的界面。

在此界面中,可以手动给 PyCharm 设置 Python 解释器。单击 Configure 按钮,选择 Settings,进入如图 1-18 所示的界面。

可以看到,<No interpreter>表示未设置 Python 解释器,在这种情况下,可以按如图 1-18 所示,单击“设置”按钮,选择 add,此时会弹出如图 1-19 所示的对话框。

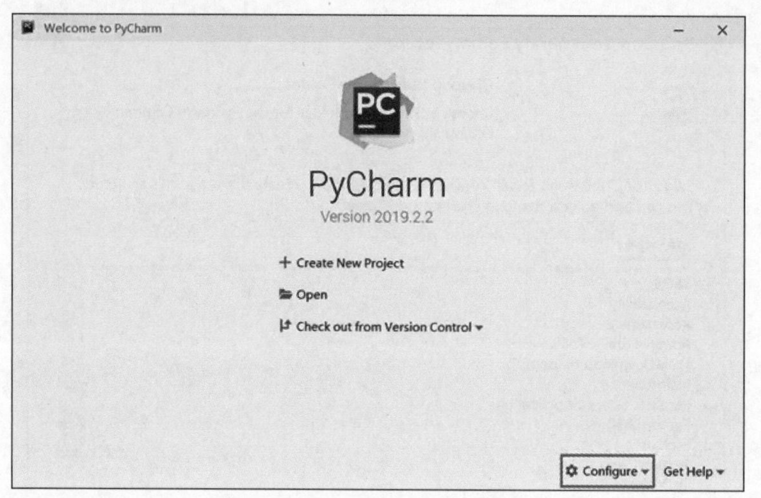

图 1-17　PyCharm 初始化界面

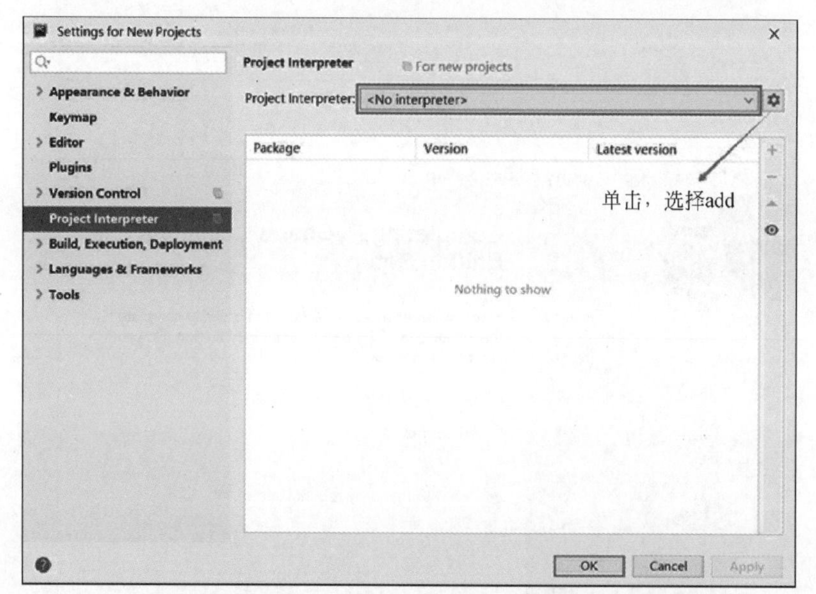

图 1-18　设置 Python 解释器界面

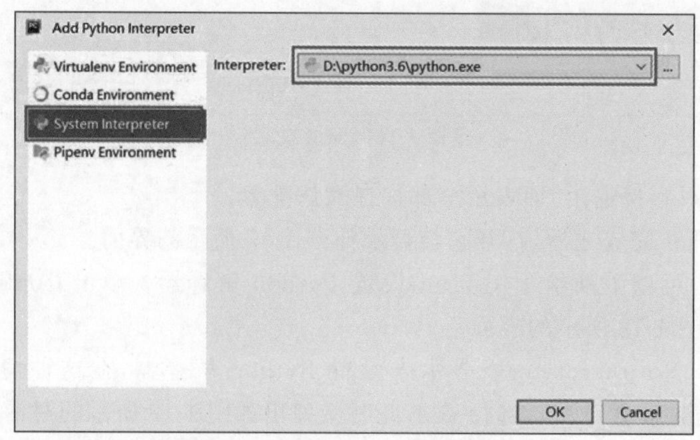

图 1-19　添加 Python 解释器界面

按照如图 1-19 所示，选择 System Interpreter(使用当前系统中的 Python 解释器)，右侧找到安装的 Python 目录，并找到 Python.exe，然后单击 OK 按钮。显示出可用的解释器，如图 1-20 所示，再次单击 OK 按钮。

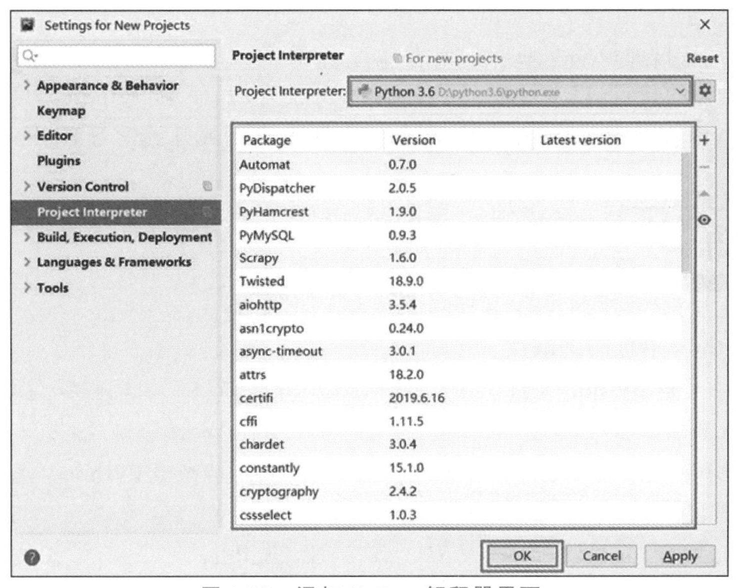

图 1-20　添加 Python 解释器界面

等待 PyCharm 配置成功，即成功地给 PyCharm 设置好了 Python 解释器。

实训 1　学生管理系统欢迎页面和功能菜单

需求说明

打印学生管理系统的欢迎页面和功能菜单。

训练要点

熟练使用 Python 开发工具，如 PyCharm，创建 Python 文件，正确运行程序。

实现思路

(1) 打开 PyCharm 或其他 Python 开发工具，创建 Python 项目。

(2) 编写代码，使用 Print 函数打印输出界面内容。

解决方案及关键代码

```
print('=' * 30)
print('欢迎使用学生管理系统')
print('1.添加学生信息')
print('2.删除学生信息')
print('3.修改学生信息')
print('4.查询所有学生信息')
print('5.组合学生信息')
print('0.退出系统')
print('=' * 30)
```

小结

Python 语言是目前最受欢迎的编程语言之一，本章介绍了计算机语言、什么是 Python 语言、Python 语言的特点，以及搭建一个 Python 开发环境，使用 Python 语言开发自己的第一个程序。本章内容为学习 Python 打下了基础，第 2 章正式开始学习 Python 的相关知识。

课后练习

1. 简述 Python 语言的优缺点。

2. 以下(　　)是 Python 文件。

   A. HelloWorld.java　　B. HelloWorld.txt

   C. HelloWorld.py　　D. HelloWorld.Python

3. 以下的开发工具，(　　)无法进行 Python 编程。

   A. PyCharm　　B. JBuilder

   C. Eclipse　　D. Jupyter Notebook

4. 以下(　　)不是 Python 语言的特点。

   A. 语言简单　　B. 开源

   C. 面向对象　　D. 专属于某个特定的平台

5. 下面关于机器语言的描述错误的是(　　)。

   A. 机器语言是最低级的语言，是用二进制代码表示的计算机能直接识别和执行的一种机器指令的集合

   B. 机器语言是计算机的设计者通过计算机的硬件结构赋予计算机的操作功能

   C. 不同型号的计算机的机器语言是相通的

   D. 机器语言具有灵活、可直接执行和速度快等特点

6. 下面关于汇编语言的描述错误的是(　　)。

   A. 汇编语言是用于电子计算机、微处理机、微控制器或其他可编程器件的低级语言

   B. 使用汇编语言编写的程序能直接被机器识别

   C. 汇编语言的目标代码简短，占用内存少，执行速度快

   D. 汇编语言和机器自身的编程环境是息息相关的

7. 下面关于高级语言的描述错误的是(　　)。

   A. 高级语言并不是特指某一种具体的语言，而是很多种编程语言

   B. 高级语言的执行速度比低级语言要快

   C. 对于解释类的高级语言，应用程序源代码一边由相应语言的解释器翻译成目标代码，一边执行

   D. 对于编译类的高级语言，在应用程序源代码执行之前，首先需要将源代码翻译成目标代码

8. 假设在计算机D盘的根目录中已经存在一个Python的代码文件hello.py，下面命令可正确运行此文件的是(　　)。

A. Python D:\hello.py

B. Python D:\hello

C. do D:\hello.py

D. do D:\hello

第2章 Python基础语法

每种编程语言都有一套自己的语法规则，大多数编程语言的基本语法都是相似的，相对来说，Python语言更加简单易学，下面开始学习Python的基础语法知识。本章包括变量和常量、基本数据类型、运算符和表达式、包定义、注释和缩进的使用，以及基本输入和输出。

2.1 变量和常量

2.1.1 关键字

Python语言中定义了一些专有词汇，统称为关键字，如class、if、print等，它们具有特定的含义和用法。可通过如下方式查看Python语言中的所有关键字。

```
import keyword
print(keyword.kwlist)
```

Python语言中的所有关键字如下。注意，Python中关键字是区分大小写的：

False, None, True, and, as, assert, async, await, break, class, continue, def, del, elif, else, except, finally, for, from, global, if, import, in, is, lambda, nonlocal, not, or, pass, raise, return, try, while, with, yield。

2.1.2 变量和常量

变量是存放数据值的容器，在程序运行过程中它的值可以被改变。与变量相对应的"常量"，是指在程序运行过程中值不能被改变的量。但是Python并没有提供定义常量的关键字，不过PEP8(即Python增强提案)定义了常量的命名规范，即常量名由大写字母和下画线组成。但是在实际应用中，常量首次被赋值以后，其值还是可以被其他代码修改。

变量的命名需要遵循以下规则。

(1) 变量名只能包含字母、数字和下画线。

(2) 变量名不能以数字开头。

(3) 变量名不能使用 Python 中的关键字。

(4) 变量名应该有意义并且具有良好的可读性。

Python 中的变量不需要声明。每个变量在使用前都必须赋值,变量赋值以后该变量才会被创建。在 Python 中,变量就是变量,它没有类型,我们所说的"类型"是变量所指的内存中对象的类型。使用等号"="来给变量赋值。等号"="运算符左边是一个变量名,等号"="运算符右边是存储在变量中的值。示例代码如文件 2.1 所示。

【文件 2.1】 assigndemo.py

```
counter =100           #整型变量
miles   =1000.0        #浮点型变量
name    ="Bob"         #字符串
print (counter)
print (miles)
print (name)
```

执行以上程序会输出如下结果。

```
100
1000.0
Bob
```

Python 允许同时为多个变量赋值,也可以为多个对象指定多个变量,示例代码如下。

【文件 2.2】 assigndemo1.py

```
a =b =c =0
d, e, f =1, 2, "run"

print(a,b,c,d,e,f)
```

其结果为

```
0 0 0 1 2 run
```

2.2 基本数据类型

Python 3 中有 6 个标准数据类型,分别是数字、字符串、列表、元组、字典和集合。其中,数字和字符串是基本数据类型,列表、元组、字典和集合是组合数据类型,关于组合数据类型,本章仅简单介绍,详见第 6 章。

2.2.1 数字

在 Python 中,数字类型包括整数(int)、浮点数(float)、布尔类型(bool)和复数(complex)。

1. 整数

整数类型是整数数值，包括正整数、负整数和0，没有小数，长度不限，示例代码如下。

【文件 2.3】 **integerdemo.py**

```
x =10
y =37216654545182186317
z =-465167846
print(x)
print(y)
print(z)
```

运行结果：

```
10
37216654545182186317
-465167846
```

2. 浮点数

浮点数即小数，由整数部分和小数部分构成，如文件2.4所示，也可以用科学记数法表示，如1.3e-4。

【文件 2.4】 **floatdemo.py**

```
x =3.14
y =-63.78
z =1.3e-4
print(x)
print(y)
print(z)
```

运行结果：

```
3.14
-63.78
0.00013
```

3. 布尔类型

Python中的布尔类型主要用来表示真(True)或假(False)的值。Python 3中布尔值作为整数的子类实现，布尔值可以转换为数值，True的值为1，False的值为0，可以进行数值运算。具体示例代码如文件2.5所示。

【文件 2.5】 **booldemo.py**

```
T =True
print(T)
print(int(T))    #类型转换
F =False
print(F)
print(int(F))    #类型转换
```

运行结果：

```
True
1
False
0
```

4. 复数

复数由实数部分和虚数部分构成，用“j”作为虚部编写，或者使用 complex(a,b)表示。示例代码如文件 2.6 所示。

【文件 2.6】 complexdemo.py

```
x =2+3j
y =-7j
z =complex(3,5)
print(x)
print(y)
print(z)
```

运行结果：

```
(2+3j)
(-0-7j)
(3+5j)
```

2.2.2 字符串

Python 中的字符串是由单引号或双引号界定，如'hello'等同于 "hello"。通过使用变量名称后跟等号和字符串，可以把字符串赋值给变量，代码如下。

【文件 2.7】 strdemo.py

```
print("Hello")
print('Hello')
a ="HelloWorld"
print(a)
```

运行结果：

```
Hello
Hello
HelloWorld
```

也可以使用三引号界定，通常用于字符串分布于连续的多行上，代码如下。

【文件 2.8】 gushidemo.py

```
eee ='''鹅，鹅，鹅，
曲项向天歌。
白毛浮绿水，
红掌拨清波。'''
print(eee)
```

运行结果：

```
鹅，鹅，鹅，
曲项向天歌。
白毛浮绿水，
红掌拨清波。
```

Python 支持转义字符，即使用反斜杠"\"对一些特殊字符进行转义。常用的转义字符如表 2-1 所示。

表 2-1　常用转义字符

转义字符	含　义	转义字符	含　义
\n	换行符	\\	一个反斜杠\
\t	制表符	\'	单引号
\r	回车	\"	双引号

参考程序如下。

```
>>>print("好好学习\n 天天向上")
好好学习
天天向上
```

关于字符串的更多内容将于第 5 章详细介绍。

2.2.3　列表

列表是一个有序且可更改的集合。在 Python 中，列表用方括号"[ ]"编写。可以通过引用索引号来访问列表项，注意，列表的索引从 0 开始，即第一个索引是 0，第二个索引是 1，以此类推。可以通过指定范围的起点和终点来指定索引范围，指定范围后，返回值将是包含指定项目的新列表。列表的添加、删除和修改请见如下程序。

【文件 2.9】　demo1.py

```
thislist = ["apple", "banana", "cherry", "orange", "kiwi", "melon"]

print(thislist)
print(thislist[1])                      #打印第 2 个元素
print(thislist[2:5])                    #打印第 3~5 个元素
#搜索将从索引 2(包括)开始，到索引 5(不包括)结束

thislist.append("mango")                #添加 mango
print(thislist)

thislist.insert(1, "mango1")            #在第 2 个位置添加 mango1
print(thislist)

thatlist = ["1","2"]
thislist.extend(thatlist)               #在 thislist 后拼接上 thatlist
```

```
print(thislist)

thislist.remove("banana")              #删除指定元素
print(thislist)

thislist.pop()                         #删除末尾元素
print(thislist)

del thislist[0]                        #删除指定位置的元素
print(thislist)

thislist[1] ="potato"                  #修改指定位置元素
print(thislist)
```

运行结果：

```
['apple', 'banana', 'cherry', 'orange', 'kiwi', 'melon']
banana
['cherry', 'orange', 'kiwi']
['apple', 'banana', 'cherry', 'orange', 'kiwi', 'melon', 'mango']
['apple', 'mango1', 'banana', 'cherry', 'orange', 'kiwi', 'melon', 'mango']
['apple', 'mango1', 'banana', 'cherry', 'orange', 'kiwi', 'melon', 'mango', '1', '2']
['apple', 'mango1', 'cherry', 'orange', 'kiwi', 'melon', 'mango', '1', '2']
['apple', 'mango1', 'cherry', 'orange', 'kiwi', 'melon', 'mango', '1']
['mango1', 'cherry', 'orange', 'kiwi', 'melon', 'mango', '1']
['mango1', 'potato', 'orange', 'kiwi', 'melon', 'mango', '1']
```

Python 中关于列表的其他方法请参考表 2-2。

表 2-2 Python 中关于列表的方法

方　法	描　述
append()	在列表的末尾添加一个元素
clear()	删除列表中的所有元素
copy()	返回列表的副本
count()	返回具有指定值的元素数量
extend()	将列表元素(或任何可迭代的元素)添加到当前列表的末尾
index()	返回具有指定值的第一个元素的索引
insert()	在指定位置添加元素
pop()	删除指定位置的元素
remove()	删除具有指定值的项目
reverse()	颠倒列表的顺序
sort()	对列表进行排序

2.2.4 元组

元组是有序且不可更改的集合。在 Python 中,元组是用圆括号编写的。关于元组的操作请见如下程序。

【文件 2.10】 **demo2.py**

```
thistuple = ("apple", "banana", "cherry","kiwi") #创建元组

print(thistuple)
print(thistuple[1])                                   #打印元组中的第 2 个元素
print(thistuple[0:3])                                 #打印第 1~3 个元素

tuple1 = ("a", "b" , "c")
tuple2 = (1, 2, 3)

tuple3 = tuple1 + tuple2                              #合并元组
print(tuple3)

tuple2 = (11, 22, 33)
print(tuple2)                                         #重新赋值

del thistuple
print(thistuple)                                      #这会引发错误,因为元组已不存在
```

运行结果:

```
('apple', 'banana', 'cherry', 'kiwi')
banana
('apple', 'banana', 'cherry')
('a', 'b', 'c', 1, 2, 3)
(11, 22, 33)
Traceback (most recent call last):
  File "E:\Python\Python_code\test.py", line 87, in <module>
    print(thistuple)                        #这会引发错误,因为元组已不存在
          ^^^^^^^^^
NameError: name 'thistuple' is not defined
```

元组属于不可变序列,所以无法修改元组中的元素值,也无法删除元组中的部分元素。Python 中关于元组的方法请参考表 2-3。

表 2-3 **Python 中关于元组的方法**

方法	描述
count()	返回具有指定值的元素数量
index()	返回具有指定值的第一个元素的索引

2.2.5 字典

字典是一个无序、可变和有索引的集合。在 Python 中,字典用花括号编写,拥有键和

值。关于字典的操作请见如下程序。

【文件 2.11】 demo3.py

```
thisdict ={
  "brand": "Porsche",
  "model": "911",
  "year": 1963
}

print(thisdict)

x =thisdict["model"]                    #通过在方括号内引用其键名来访问字典的元素
print(x)
y =thisdict.get("model")                #结果同上
print(y)

#通过引用其键名来更改特定项的值
thisdict["year"] =2019
print(thisdict["year"])

#逐个打印字典中的所有值
for x in thisdict:
  print(thisdict[x])

#使用 values()函数返回字典的值
for x in thisdict.values():
  print(x)

#检查字典中是否存在 "model"
if "model" in thisdict:
  print("Yes, 'model' is one of the keys in the thisdict dictionary")

#打印字典中的项目数
print(len(thisdict))

#通过使用新的索引键并为其赋值,可以将项目添加到字典中
thisdict["color"] ="red"
print(thisdict)

#pop()方法删除具有指定键名的项
thisdict.pop("model")
print(thisdict)

#del 关键字删除具有指定键名的项目
del thisdict["year"]
print(thisdict)

#clear()方法清空字典
thisdict.clear()
print(thisdict)
```

```
#del 关键字也可以完全删除字典
del thisdict
print(thisdict)                                    #this 会导致错误,因为 "thisdict" 不再存在
```

运行结果：

```
{'brand': 'Porsche', 'model': '911', 'year': 1963}
911
911
2019
Porsche
911
2019
Porsche
911
2019
Yes, 'model' is one of the keys in the thisdict dictionary
3
{'brand': 'Porsche', 'model': '911', 'year': 2019, 'color': 'red'}
{'brand': 'Porsche', 'year': 2019, 'color': 'red'}
{'brand': 'Porsche', 'color': 'red'}
{}
Traceback (most recent call last):
  File "E:\Python\Python_code\test.py", line 138, in <module>
    print(thisdict)                               #this 会导致错误,因为 "thisdict" 不再存在
          ^^^^^^^^
NameError: name 'thisdict' is not defined
```

Python 中关于字典的方法请参考表 2-4。

表 2-4　Python 中关于字典的方法

方　　法	描　　述
clear()	删除字典中的所有元素
copy()	返回字典的副本
fromkeys()	返回拥有指定键和值的字典
get()	返回指定键的值
items()	返回包含每个键值对的元组的列表
keys()	返回包含字典键的列表
pop()	删除拥有指定键的元素
popitem()	删除最后插入的键值对
setdefault()	返回指定键的值。如果该键不存在,则插入具有指定值的键
update()	使用指定的键值对字典进行更新
values()	返回字典中所有值的列表

2.2.6 集合

集合是无序和无索引的集合。在 Python 中，集合用花括号编写，关于集合的操作请见如下程序。

【文件 2.12】 demo4.py

```
thisset = {"apple", "banana", "cherry"}
print(thisset)
#集合是无序的，因此无法确定元素的显示顺序

#遍历集合，并打印值
for x in thisset:
  print(x)

#检查 set 中是否存在"banana"
print("banana" in thisset)

#使用 add()方法向集合中添加项目
thisset.add("orange")
print(thisset)

#使用 update()方法将多个项添加到集合中
thisset.update(["mango", "grapes"])
print(thisset)

#使用 len()方法得到集合中元素个数
print(len(thisset))

#使用 remove()方法来删除"banana"
thisset.remove("banana")
print(thisset)
#注意，如果要删除的元素不存在，则 remove() 将引发错误

#使用 discard()方法来删除"mango"
thisset.discard("mango")
print(thisset)
#如果要删除的元素不存在，则 discard() 不会引发错误

#clear()方法清空集合
thisset.clear()
print(thisset)

#del 彻底删除集合
del thisset
print(thisset)                              #报错
```

运行结果：

```
{'banana', 'cherry', 'apple'}
banana
```

```
cherry
apple
True
{'banana', 'cherry', 'apple', 'orange'}
{'banana', 'orange', 'grapes', 'apple', 'cherry', 'mango'}
6
{'orange', 'grapes', 'apple', 'cherry', 'mango'}
{'orange', 'grapes', 'apple', 'cherry'}
set()
Traceback (most recent call last):
  File "E:\Python\Python_code\test.py", line 178, in <module>
    print(thisset)                          #报错
          ^^^^^^^
NameError: name 'thisset' is not defined
```

2.2.7 数据类型转换

在实际使用中,有时需要进行数据类型的转换,有两种数据类型转换:一种是隐式类型转换,一种是显式类型转换。

1. 隐式类型转换

隐式类型转换由系统自动完成,比如对两种不同类型的数据进行运算,较低数据类型(整数)就会转换为较高数据类型(浮点数)以避免数据丢失。隐式类型转换示例如文件 2.13 所示。

【文件 2.13】 conversion1.py

```
num_int =123
num_flo =1.23

num_new =num_int +num_flo

print("datatype of num_int:",type(num_int))
print("datatype of num_flo:",type(num_flo))

print("Value of num_new:",num_new)
print("datatype of num_new:",type(num_new))
```

运行结果:

```
datatype of num_int: <class 'int'>
datatype of num_flo: <class 'float'>
Value of num_new: 124.23
datatype of num_new: <class 'float'>
```

2. 显式类型转换

显式类型转换需要使用类型函数来实现,比如整型和字符串类型运算结果会报错,输出 TypeError。Python 在这种情况下无法使用隐式转换,可以使用 int()、float()、str()等预定义函数来执行显式类型转换。显式类型转换示例如文件 2.14 所示。

【文件 2.14】 conversion2.py

```
num_int =123
num_str ="456"

print("num_int 数据类型为:",type(num_int))
print("类型转换前,num_str 数据类型为:",type(num_str))

num_str =int(num_str)                            #强制转换为整型
print("类型转换后,num_str 数据类型为:",type(num_str))

num_sum =num_int +num_str
print("num_int 和 num_str 相加的结果为:",num_sum)
print("num_int 和 num_str 相加的类型为:",type(num_sum))
```

运行结果:

```
num_int 数据类型为: <class 'int'>
类型转换前,num_str 数据类型为: <class 'str'>
类型转换后,num_str 数据类型为: <class 'int'>
num_int 和 num_str 相加的结果为: 579
num_int 和 num_str 相加的类型为: <class 'int'>
```

Python 提供了一些常用的数据类型转换函数,如表 2-5 所示。

表 2-5 Python 数据类型转换函数

函数	说明
int(x)	把 x 转换成整数类型
float(x)	把 x 转换成浮点数类型
str(x)	把 x 转换成字符串类型
chr(x)	将整数 x 转换成一个字符
ord(x)	将一个字符 x 转换成对应的整数值
tuple(x)	将可迭代系列(如列表)转换为元组
list(x)	将元组或字符串转换为列表
set(x)	创建一个无序不重复元素集,可进行关系测试,删除重复数据

2.3 运算符和表达式

运算符用于对变量和值执行操作。Python 中的运算符包括算术运算符、赋值运算符、比较(关系)运算符、逻辑运算符、身份运算符、成员运算符和位运算符。本节主要介绍算术运算符、赋值运算符、比较(关系)运算符和逻辑运算符,以及不同运算符的优先级。

表达式是将一系列的运算对象用运算符联系在一起的一个式子,该式子经过运算以后有一个确定的值。例如,使用算术运算符连接起来的式子称为"算术表达式",使用逻辑运算符连接起来的式子称为“逻辑表达式”。

2.3.1 算术运算符和表达式

算术运算符与数值一起使用来执行常见的数学运算，如表 2-6 所示。

表 2-6 算术运算符与表达式

运算符	名 称	表达式	运算符	名 称	表达式
+	加	x + y	%	取模	x % y
-	减	x-y	**	幂	x ** y
*	乘	x * y	//	取整除	x // y
/	除	x / y			

2.3.2 赋值运算符和表达式

赋值运算符用于为变量赋值，赋值运算符(=)并不是数学中的等于号。Python 中常用的赋值运算符与表达式如表 2-7 所示。

表 2-7 赋值运算符与表达式

运算符	说 明	表达式	等价形式
=	简单的赋值运算	x = 5	x = 5
+=	加赋值	x += 3	x = x + 3
-=	减赋值	x -= 3	x = x - 3
*=	乘赋值	x *= 3	x = x * 3
/=	除赋值	x /= 3	x = x / 3
%=	取模赋值	x %= 3	x = x % 3
//=	取整除赋值	x //= 3	x = x // 3
**=	幂赋值	x **= 3	x = x ** 3

2.3.3 比较运算符和表达式

比较运算符也称为关系运算符，主要用于比较大小，其运算结果为布尔型。Python 中常用的比较运算符与表达式如表 2-8 所示。

表 2-8 比较运算符与表达式

运算符	说 明	表达式	运算符	说 明	表达式
==	等于	x == y	<	小于	x < y
!=	不等于	x != y	>=	大于或等于	x >= y
>	大于	x > y	<=	小于或等于	x <= y

2.3.4 逻辑运算符和表达式

逻辑运算符用于组合条件语句，运算结果仍为布尔型。Python 中常用的逻辑运算符与表达式如表 2-9 所示。

表 2-9 逻辑运算符与表达式

运算符	说 明	描 述	表达式
and	逻辑与	如果两个语句都为真，则返回 True	x > 3 and x < 10
or	逻辑或	如果其中一个语句为真，则返回 True	x > 3 or x < 4
not	逻辑非	反转结果，如果结果为 True，则返回 False	not(x > 3 and x < 10)

2.3.5 运算符的优先级与结合性

所谓优先级，就是当多个运算符同时出现在一个表达式中时，先执行哪个运算符，后执行哪个运算符的问题。例如，对于表达式 8+15/3，应当先计算除法，再计算加法，因为除法的优先级要高于加法的优先级。

所谓结合性，就是当一个表达式中出现多个优先级相同的运算符时先执行哪个运算符，后执行哪个运算符的问题。先执行左边的叫作左结合性，先执行右边的叫作右结合性。例如，对于表达式 5+6−7，加法和减法的优先级相同，而且它俩都具有左结合性，所以应当从左到右运算，先计算 5+6，然后再计算减法。

Python 中大部分运算符都具有左结合性，也就是从左到右执行，只有幂运算符(**)、单目运算符(如 not)、赋值运算符和三目运算符例外，它们具有右结合性，也就是从右向左执行。表 2-10 中列出了常用的 Python 运算符的优先级和结合性。

表 2-10 Python 运算符的优先级和结合性

运算符	说 明	结合性	优先级
()	小括号	无	高
**	幂	右	↑
+(正)、−(负)	符号运算符	右	
*、/、//、%	乘除	左	
+、−	加减	左	
==、!=、>、>=、<、<=	比较运算符	左	
not	逻辑非	右	
and	逻辑与	左	
or	逻辑或	左	低

2.4 包定义、注释和缩进

2.4.1 包定义

每个 Python 源码文件可以定义为一个 Python 模块，如果定义的模块很多，则会出现管理烦琐混乱的问题，所以引入“包”的概念。在 Python 中，一个包是一个包含模块和资源的文件夹，其文件夹将多个模块组织在一起，以实现更好的封装和重用。

除了自定义的 Python 包之外，Python 还提供了 Python 标准库和第三方的 Python 包来扩展 Python 的功能，Python 标准库包含许多常用的包和模块，如 os、sys、datetime、math 等。

Python 包的组成结构：

- 文件夹/目录
- __init__.py 的文件

一个名为“my_package”包的实例如下。

```
my_package:
  __init__.py
  send_message.py
  receive_message.py
```

要在外界使用包中的模块，需要在__init__.py 中指定对外界提供的模块列表。每个模块中的代码如下。

【文件 2.15】 __init__.py

```
from . import send_message
from . import receive_message
```

【文件 2.16】 send_message.py

```
def send(text):
    print("已发送 %s..." %text)
#按实际需要添加代码
```

【文件 2.17】 receive_message.py

```
def recevie():
    return "收到来自 send_message 的短信"
#按实际需要添加代码
```

在这个包外使用这个包，代码如文件 2.18 所示。

【文件 2.18】 demo5.py

```
#导入包
importmy_package

my_package.send_message.send("你好")
```

```
text =my_package.receive_message.recevie()
print(text)
```

运行结果：

```
已发送 你好...
收到来自 send_message 的短信
```

2.4.2 注释

注释可用于解释 Python 代码，有利于提高代码的可读性。

1. 单行注释

注释以“#”开头，单行注释可以放在单独一行，也可以放在 Python 语句后面。

```
#This is a comment
print("Hello, World!")
```

或者

```
print("Hello, World!")                    #This is a comment
```

2. 多行注释

当需要写的注释的内容过多，一行无法显示的话，可以使用多行注释。Python 可以使用三个单引号或者三个双引号来表示多行注释。

```
'''
这是多行注释，用三个单引号
这是多行注释，用三个单引号
这是多行注释，用三个单引号
'''
```

或者

```
"""
这是多行注释，用三个双引号
这是多行注释，用三个双引号
这是多行注释，用三个双引号
"""
```

2.4.3 缩进

和其他程序设计语言(如 Java、C 语言)采用花括号分隔代码块不同，Python 采用代码缩进和冒号(：)来区分代码块之间的层次，所以缩进在 Python 中尤为重要。

在 Python 中，对于类定义、函数定义、流程控制语句、异常处理语句等，行尾的冒号和下一行的缩进，表示下一个代码块的开始，而缩进的结束则表示此代码块的结束。

注意，Python 中实现对代码的缩进，可以使用空格或者 Tab 键实现。但无论是手动输入空格，还是使用 Tab 键，通常情况下都是采用 4 个空格长度作为一个缩进量（默认情况下，一个 Tab 键就表示 4 个空格）。

例如，下面这段 Python 代码中就用到了缩进表示代码块。

```
1. list =[2,5,6,9,7,54]
2. for x in list:
3.     print(x)
4.     if x >5:
5.         x =x +8
6.         print(x)
7.     else:
8.         x =x -8
```

在上述代码中，处于同一个缩进状态的语句是相同的层次，如第 5 行和第 6 行，相同的缩进表示处于同一个代码块中，所以第 3～8 行都是 for 循环的代码块，如果第 4 行 x>5 为真，则执行第 5 行和第 6 行代码。如果第 6 行代码的缩进和第 4 行对齐，则表示“如果 x>5，则执行 x = x+8”，print(x)则与 if x>5 并列，即无论 x 是否大于 5，都会打印输出 x。在 Python 中，必须严格执行正确的缩进。

2.5 基本输入和输出

为方便与用户交互，一个程序通常会有输入和输出。用户输入一些信息，程序对用户输入信息进行处理，然后输出用户想要的结果。Python 提供了内置函数 input( )和 print( )，用于实现数据的输入和输出。

2.5.1 输入

在 Python 中，可以使用 input( )函数读取标准输入数据，接受用户的键盘输入，请看如下示例。

【文件 2.19】 **demo6.py**

```
name =input("请输入您的名字:")
print("您好," +name +"!让我们一起学习 Python")
```

运行程序后，首先会打印出 input 后的字符串。

```
请输入您的名字:
```

然后等待用户从键盘输入信息，假设用户从键盘输入名字“Mary”，并按 Enter 键，程序继续执行后续语句。

```
请输入您的名字:Mary
您好,Mary!让我们一起学习 Python
```

在 Python 3 中，无论输入的是数字还是字符串，input( )函数返回的结果都是字符串，请看如下示例。

```
>>>x =input("请输入:")
请输入:8
>>>print(type(x))                              #type()可显示变量的类型
<class 'str'>

>>>x =input("请输入:")
请输入:'8'
>>>print(type(x))
<class 'str'>

>>>x =input("请输入:")
请输入:"8"
>>>print(type(x))
<class 'str'>
```

从以上代码可以看出,无论是输入数字8,还是输入字符串'8'或者"8",input( )函数都返回字符串类型,如果想要从键盘接收数值类型的数据,则需要进行类型转换。

```
>>>x =int(input("请输入:"))
请输入:"8"
>>>print(type(x))
<class 'int'>
```

2.5.2 输出

1. print( )函数输出

print( )函数是标准的输出函数,在上文中已经使用了很多次。Python 使用内置函数 print( )将结果输出到 IDLE 或控制台上,其示例如下。

【文件 2.20】 demo7.py

```
r =4
pi =3.14

#print 可输出多个字符串和变量,中间用逗号隔开
print("圆的半径是",r)

#print 后面可跟表达式,输出的是计算后的结果
print("圆的直径是",2 * r)

s =pi * r * r                                  #Python 中表达式不可遗漏符号
c =2 * pi * r
print("圆的面积是",s)
print("圆的周长是",c)
```

运行结果:

```
圆的半径是 4
圆的直径是 8
```

```
圆的面积是 50.24
圆的周长是 25.12
```

从上述例子中可以看出，print( )函数是默认换行的，即输出语句后自动切换到下一行。如果两个 print( )语句输出的结果想要不换行，可以用 end='' 实现，代码如下。

【文件 2.21】 demo8.py

```
r =4
pi =3.14

#print 可输出多个字符串和变量,中间用逗号隔开
print("圆的半径是",r,end='')

#print 可跟表达式,输出的是计算后的结果
print("圆的直径是",2 * r,end='')

s =pi * r * r                                 #Python 中表达式不可遗漏符号
c =2 * pi * r
print("圆的面积是",s,end='')
print("圆的周长是",c,end='')
```

运行结果：

```
圆的半径是 4 圆的直径是 8 圆的面积是 50.24 圆的周长是 25.12
```

2. 使用%格式化输出

在 Python 中可以使用百分号“%”操作符进行格式化输出。

1）整数的输出

使用百分号%，可以控制输出八进制、十进制、十六进制的整数数字，格式如下。

- %o：八进制。
- %d：十进制。
- %x：十六进制。

请看以下示例，分别是用八进制、十进制和十六进制输出数字 10。

```
>>>print('%o'%10)
12
>>>print('%d'%10)
10
>>>print('%x'%10)
a
```

2）浮点数的输出

浮点数也可以使用百分号来进行格式化输出，格式如下。

- %f：保留小数点后 6 位有效数字，如果是%.3f，则保留 3 位小数。
- %e：保留小数点后 6 位有效数字，按指数形式输出。如果是%.3e，则保留 3 位小数，使用科学记数法。
- %g：如果有 6 位有效数字，则使用小数方式，否则使用科学记数法。如果是%.3g，

则保留 3 位有效数字,使用小数方式或科学记数法。

请看以下示例。

```
>>>print('%f'%10.2)
10.200000
>>>print('%.1f'%10.2)
10.2
>>>print('%.2f'%10.2)
10.20
>>>print('%.3f'%10.2)
10.200

>>>print('%e'%10.2)
1.020000e+01
>>>print('%.1e'%10.2)
1.0e+01
>>>print('%.2e'%10.2)
1.02e+01
>>>print('%.3e'%10.2)
1.020e+01

>>>print('%g'%10.2)
10.2
>>>print('%.1g'%10.2)
1e+01
>>>print('%.2g'%10.2)
10
>>>print('%.3g'%10.2)
10.2
```

3）字符串的输出

字符串有如下格式化输出。

- %s：字符串输出。
- %10s：右对齐,占位符 10 位。
- %−10s：左对齐,占位符 10 位。
- %.2s：截取 2 位字符串。
- %10.2s：右对齐,10 位占位符,截取 2 位字符串。

请看以下示例。

```
>>>print('%s'%'helloworld')
helloworld
>>>print('%15s'%'helloworld')
     helloworld
>>>print('%-15s'%'helloworld')
he
>>>print('%.2s'%'helloworld')
              he
>>>print('%15.2s'%'helloworld')
```

```
he
>>>print('%-15.2s'%'helloworld')
he

color ='红'
size =15
print('颜色:%s,尺寸:%d'%(color,size))
颜色:红,尺寸:15
```

3. 使用“f{表达式}”格式化输出

使用“f{表达式}”格式化输出的示例如下。

```
>>>color ='红'
>>>size =15
>>>print(f'颜色:{color},尺寸:{size}')
颜色:红,尺寸:15

>>>print(f'长方形的面积是{3*4}')
长方形的面积是 12

>>>r =4
>>>pi =3.14
>>>print(f'圆的面积是{pi*r*r}')
圆的面积是 50.24
```

4. 使用 format( )函数格式化输出

format( )函数把字符串当成一个模板,通过传入的参数进行格式化。使用花括号作为特殊字符代替百分号。format( )函数的格式化输出示例如下。

```
>>>print('{} {}'.format('hi','Python'))                  #不带字段
hi Python

>>>print('{0} {1}'.format('hi','Python'))                #带数字编号
hi Python

>>>print('{1} {0}'.format('hi','Python'))                #带数字编号,且打乱顺序
Python hi

>>>print('{1} {0} {0}'.format('hi','Python'))            #按数字编号输出
Python hi hi

>>>print('{0} {1} {0} {1}'.format('hi','Python'))        #按数字编号重复输出
hi Python hi Python

>>>print('{a} {b} {a}'.format(a='hi',b='Python'))        #带关键字,按关键字输出
hi Python hi
```

实训 2 添加和修改学生信息

需求说明

为学生管理系统实现添加学生信息和修改学生信息的功能，要求用户从键盘分别输入姓名、性别和手机号码，用以添加或修改学生信息。

训练要点

标准输入和输出、字典。

实现思路

使用 input()和 print()函数完成相应的输入/输出功能，将相对应的姓名、性别和手机号码存入字典方便后续使用。

解决方案及关键代码

```
#新增学生信息
#提示并获取学生的姓名
new_name =input('请输入新学生的姓名:')
#提示并获取学生的性别
new_sex =input('请输入新学生的性别:')
#提示并获取学生的手机号
new_phone =input('请输入新学生的手机号码:')
new_info =dict()                                    #定义字典
new_info['name'] =new_name
new_info['sex'] =new_sex
new_info['phone'] =new_phone

print(new_info)

#修改学生信息
#提示并获取修改后的学生的姓名
new_name =input('请输入要修改学生的姓名:')
#提示并获取修改后的学生的性别
new_sex =input('请输入要修改学生的性别:(男/女)')
#提示并获取修改后的学生的手机号码
new_phone =input('请输入要修改学生的手机号码:')
#修改字典相对应的字段
new_info['name'] =new_name
new_info['sex'] =new_sex
new_info['phone'] =new_phone

print(new_info)
```

小结

本章介绍了 Python 的基础语法，包括基本数据类型、变量和常量、运算符和表达式、包定义和注释，以及基本的输入和输出，学习了这些基本的语法规则，可以为后续深入学习Python打下基础。

课后练习

1. 简述 Python 的基本数据类型。

2. 下面(　　)变量名是正确的。

A. print　　B. 5_size　　C. else　　D. size_5

3. 在 Python 中，下列选项中不属于数字的是(　　)。

A. 100　　B. 0x45　　C. '100'　　D. 5.4e-5

4. 下列叙述中正确的是(　　)。

A. Python 编程语句区分字母大小写

B. Python 中的注释要用到"//"

C. Python 中在使用变量前需要对其先进行定义

D. Python 中的缩进和空格对程序没有影响

5. 下列是错误的赋值语句的是(　　)。

A. a = 1　　B. a = b = 1　　C. name = "Sam"　　D. a == b

6. 语句 print('{1} {1} {0} {2}'.format('how','are','you'))的输出结果是(　　)。

A. are are how you　　B. are how how you

C. how are you how　　D. how how are you

7. 从键盘输入一个整数赋值给变量 num，下面的语句正确的是(　　)。

A. num = input('输入一个整数')

B. input = num('输入一个整数')

C. num = int(input('输入一个整数'))

D. input('输入一个整数')

8. 语句"print('%.3f'%10.2)"的输出结果是(　　)。

A. 10.200　　B. 10.2

C. 10.2(前有一位空格)　　D. 10.20

第3章 程序控制结构

人们生活或工作中做事通常有一定的流程或者顺序，程序执行也有一定的顺序，默认是按照从上而下按顺序执行，但在实际的代码中，程序经常需要做判断、循环等，因此需要有多种流程控制语句来实现程序的跳转和循环等功能，如分支控制语句、循环控制语句和退出程序语句等。

本章首先介绍程序控制结构的三种类型，然后介绍选择语句、循环语句和跳转语句。

3.1 程序控制结构概述

Python 程序具有三种典型的控制结构，如图 3-1 所示。

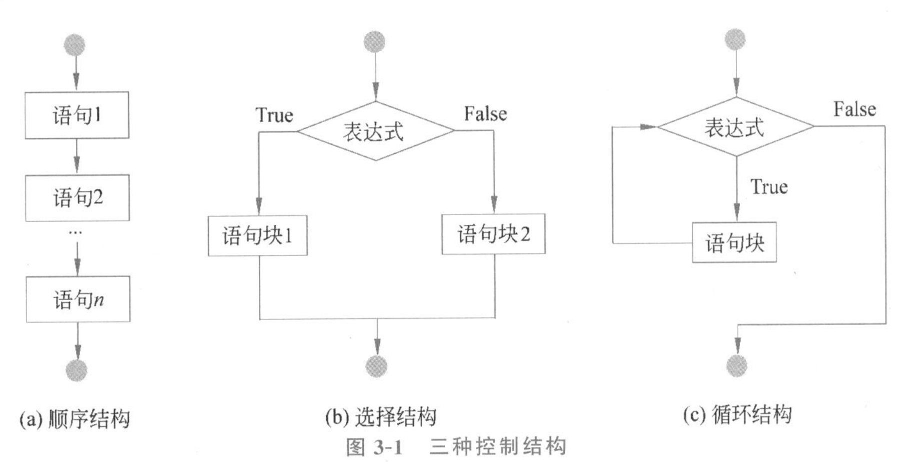

图 3-1　三种控制结构

(1) 顺序结构：在程序执行时，按照语句的顺序，从上而下一条一条地顺序执行，是结构化程序中最简单的结构。

（2）选择结构：又称为分支结构，分支语句根据一定的条件决定执行某一部分的语句序列。

（3）循环结构：使某个代码块根据一定的条件执行若干次。采用循环结构可以实现有规律的重复运行。

3.2 选择控制结构

选择结构也称为分支结构，就是对语句中的条件进行判断，根据判断的结果选择不同的分支执行。

选择语句可以分为以下三种形式。

（1）简单的if语句。

（2）if…else语句。

（3）if…elif…else多分支语句。

3.2.1 if语句

if语句是最简单的选择语句，通常表现为“如果满足某条件，那么就执行某代码块”，其结构如图3-2所示。

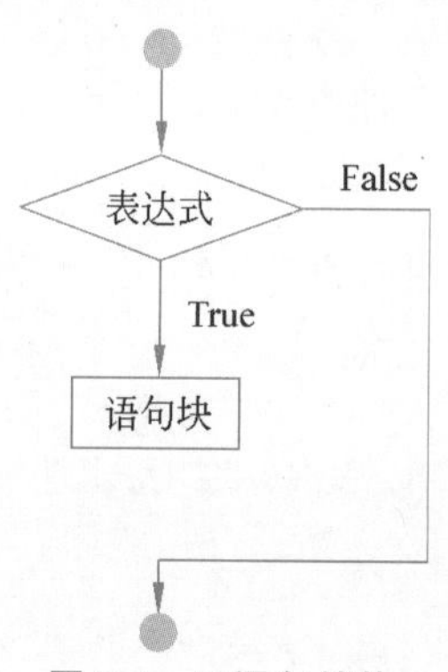

图3-2 if语句结构

其中，表达式可以是一个单一的值或者变量，也可以是由运算符组成的复杂语句。如果表达式的值为真，则执行该语句块，执行完语句块之后继续向下执行。如果表达式的值为假，则跳过这一语句块，继续执行后面的语句。参考示例如下。

【文件3.1】 demo9.py

```
a =66
b =200
if b >a:
    print("b is greater than a")
print("End")
```

运行结果：

```
b is greater than a
End
```

3.2.2 if…else 语句

if…else语句与if语句相比，多了一个分支，通常表现为“如果满足某条件，那么就执行某代码块，否则执行另一代码块”，其结构如图3-3所示。

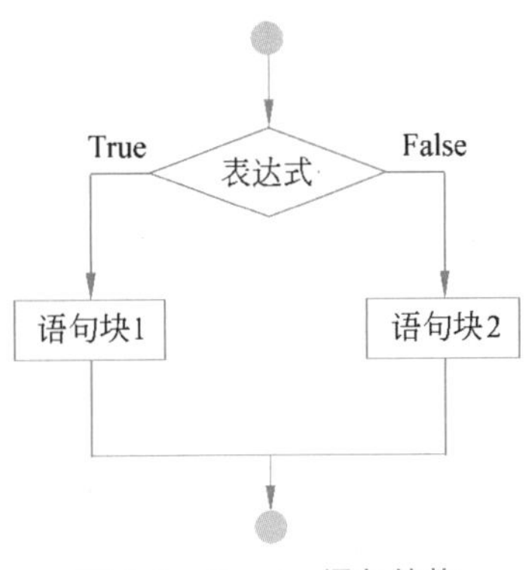

图 3-3 if…else 语句结构

其中，表达式可以是一个单一的值或者变量，也可以是由运算符组成的复杂语句。如果表达式的值为真，则执行语句块1，执行完语句块1之后继续向下执行。如果表达式的值为假，则执行语句块2，然后继续执行后面的语句。需要注意的是，else不能单独使用，必须和if组合使用。参考示例如下。

【文件 3.2】 demo10.py

```
a =int(input())
b =int(input())
if b >a:
    print("b is greater than a")
else:
    print("b is smaller than a")
print("End")
```

在上述程序中，变量a、b分别接收用户从键盘的输入，然后比较a和b的大小，如果b大于a，输出结果：

```
b is greater than a
End
```

如果b不大于a，输出结果：

```
b issmaller than a
End
```

3.2.3 if…elif…else 多分支语句

if…else语句可用于两个分支的情况，如果是多分支，则可以使用if…elif…else多分支语句。elif语句可以重复多次，最后一个为else语句。通常表现为“如果满足某条件，那么就执行某代码块；否则，如果满足某另外一个条件，则执行另一代码块”，其结构如图3-4所示。

其中，表达式可以是一个单一的值或者变量，也可以是由运算符组成的复杂语句。如果表达式1的值为真，则执行语句块1，执行完语句块1之后继续向下执行。如果表达式1的值为假，则执行表达式2。如果表达式2为真，则执行语句块2；若为假，则执行表达式3。以此类推，如果所有的表达式都为假，才执行else语句。需要注意的是，elif和else都不能

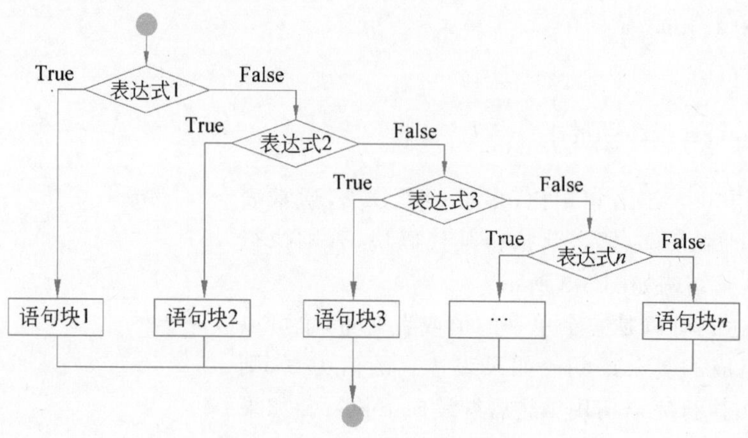

图 3-4 if…elif…else 语句结构

单独使用,必须和 if 组合使用。参考示例如下。

【文件 3.3】 demo11.py

```
a =int(input())
b =int(input())
if b >a:
    print("b is greater than a")
elif b <a:
    print("b is smaller than a")
else:
    print("b is equal to a")
print("End")
```

在上述程序中,变量 a、b 分别接收用户从键盘的输入,然后比较 a 和 b 的大小,如果 b 大于 a,输出结果:

```
b is greater than a
End
```

如果 b 小于 a,输出结果:

```
b is smaller than a
End
```

如果 b 既不大于 a,也不小于 a,输出结果:

```
b is equal to a
End
```

3.2.4 if 语句的嵌套

if 语句、if…else 语句和 if…elif…else 语句可以相互嵌套,嵌套时,注意处于同一缩进的关键字为一对组合。

在 if 语句中嵌套 if…else 语句,形式如下。

```
if 表达式 1:
    if 表达式 2:
        语句块 1
    else:
        语句块 2
```

第二个 if 和下面的 else 处于同一个缩进，它俩为一对组合。

在 if…else 语句中嵌套 if…else 语句，形式如下。

```
if 表达式 1:
    if 表达式 2:
        语句块 1
    else:
        语句块 2
else:
    if 表达式 3:
        语句块 3
    else:
        语句块 4
```

由缩进可以明显看出 if 和 else 的对应关系，如果处于同一缩进，遵循同一代码块内的就近原则。

嵌套使用 if 语句的示例如下，接收用户输入的一个数字，并判断该数是 0、正数还是负数，然后判断是奇数还是偶数，示例代码如文件 3.4 所示。

【文件 3.4】 digit.py

```
num =int(input("请输入一个整数: "))

if num >0:
    print("这是一个正数")
    if num %2 ==0:
        print("这是一个偶数")
    else:
        print("这是一个奇数")
elif num <0:
    print("这是一个负数")
    if num %2 ==0:
        print("这是一个偶数")
    else:
        print("这是一个奇数")
else:
    print("这是零")
```

若输入“12”，输出结果为

```
请输入一个整数: 12
这是一个正数
这是一个偶数
```

若输入“−13”，输出结果为

```
请输入一个整数：-13
这是一个负数
这是一个奇数
```

若输入“0”，输出结果为

```
请输入一个整数：0
这是零
```

3.3 循环控制结构

生活中有很多循环的例子，如一页一页印刷图书、绕着操场一圈一圈跑步。循环语句将根据指定的条件，多次执行同一段代码。在 Python 中，循环语句主要有以下两种形式。

（1）while 循环。

（2）for 循环。

3.3.1 while 循环

while 循环在每次循环开始前先判断条件是否成立。如果计算结果为 true，就把循环体内的语句执行一遍；如果计算结果为 false，就直接跳到 while 循环的末尾，继续往下执行，其结构如图 3-5 所示。

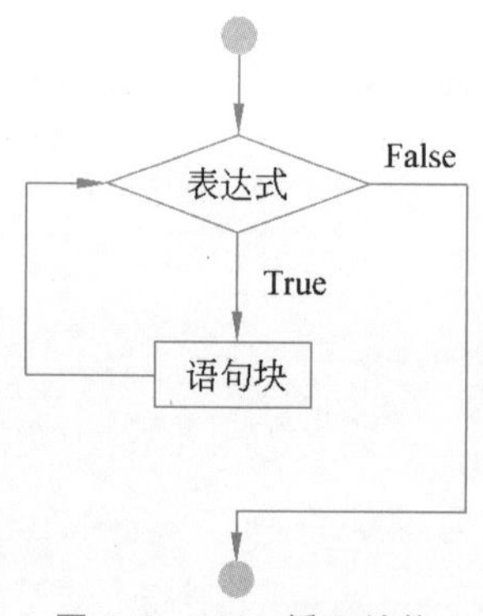

图 3-5 while 循环结构

下面使用 while 循环计算 1～100 的和，代码如文件 3.5 所示。

【文件 3.5】 demo12.py

```
n =1
sum =0
while(n <=100):
    sum =sum +n
    n +=1
print(sum)
```

while 循环语句的特点是：如果第 3 行 while(n <= 100)的条件不成立，则循环一次都

不执行。在写循环时，要注意不要造成“死循环”，即无限循环下去，不会停止，如上例中，如果将循环体中的语句 n += 1 去掉，则判别条件恒为真，循环会无休止地执行下去。

3.3.2 for 循环

for 循环一般用于循环次数已知的情况，常用于迭代序列（即列表、元组、字典、集合或字符串），其结构如图 3-6 所示。

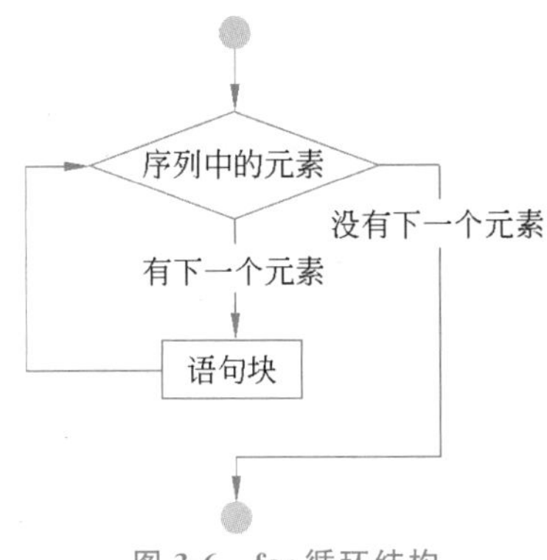

图 3-6 for 循环结构

下面使用 for 循环计算 1～100 的和，示例代码如文件 3.6 所示。

【文件 3.6】 demo13.py

```
sum = 0
for i in range(1,101):          #range()函数可以生成其范围内的整数，含左不含右
    sum = sum + i
print(sum)
```

for 循环可用于迭代列表中的元素：

```
sites = ["Baidu", "Google","Runoob","Taobao"]
for site in sites:
    print(site)
```

其输出结果为

```
Baidu
Google
Runoob
Taobao
```

for 循环遍历元组、字典、集合中元素同理，也可用于打印字符串中的每个字符。

```
word = 'Python'

for letter in word:
    print(letter)
```

其输出结果为

```
p
y
t
h
o
n
```

3.3.3 嵌套循环

前面学习了 while 循环和 for 循环，循环不但可以单独使用，还可以相互嵌套。嵌套循环就是一个循环体，包含另外一个完整的循环结构。而在这个完整的循环体内，还可以继续嵌套其他的循环结构。while 循环结构和 for 循环结构都可以嵌套，它们也可以相互嵌套。

在 while 循环中嵌套 while 循环的格式如下，注意留意缩进。

```
while 表达式 1:
    while 表达式 2:
        语句块 2
    语句块 1
```

在 for 循环中嵌套 for 循环的格式如下。

```
for 迭代变量 1 in 对象 1:
    for 迭代变量 2 in 对象 2:
        语句块 2
    语句块 1
```

在 while 循环中嵌套 for 循环的格式如下。

```
while 表达式:
    for 迭代变量 in 对象:
        语句块 2
    语句块 1
```

在 for 循环中嵌套 while 循环的格式如下。

```
for 迭代变量 in 对象:
    while 表达式:
        语句块 2
    语句块 1
```

使用 for 循环嵌套实现打印九九乘法表。

【文件 3.7】 demo14.py

```
for i in range(1, 10):
    for j in range(1, 10):
        if i >=j:
            print("{} * {}={}".format(j, i, j * i), end='\t')
    print()  #换行
```

其输出结果为

```
1*1=1
1*2=2  2*2=4
1*3=3  2*3=6   3*3=9
1*4=4  2*4=8   3*4=12  4*4=16
1*5=5  2*5=10  3*5=15  4*5=20  5*5=25
1*6=6  2*6=12  3*6=18  4*6=24  5*6=30  6*6=36
1*7=7  2*7=14  3*7=21  4*7=28  5*7=35  6*7=42  7*7=49
1*8=8  2*8=16  3*8=24  4*8=32  5*8=40  6*8=48  7*8=56  8*8=64
1*9=9  2*9=18  3*9=27  4*9=36  5*9=45  6*9=54  7*9=63  8*9=72  9*9=81
```

使用 while 循环嵌套实现打印九九乘法表的示例如下。

【文件 3.8】 demo15.py

```
row =1
while row <=9:
    column =1
    while column <=row:
        print('{}*{}={}'.format(column, row, row * column), end='\t')
        column +=1
    print()
    row +=1
```

其输出结果与 for 嵌套循环相同。

3.4 跳转语句

Python 语言支持多种跳转语句，可与选择控制语句和循环控制语句配合使用。常见的跳转语句有 break、continue 和 pass 语句。

3.4.1 break 语句

通过使用 break 语句，可以在循环遍历所有项之前停止循环，即只要程序执行到 break 语句，就会中止循环体，不再做后续的循环。如果在嵌套循环的内层循环中遇到 break 语句，则跳出当前的循环体，回到外层循环，结构如图 3-7 所示。

在 while 循环语句中使用 break 跳转语句的形式如下。

```
while 表达式 1:
    语句块
    if 表达式 2:
        break
```

在 for 循环语句中使用 break 跳转语句的形式如下。

```
for 迭代变量 in 对象:
    语句块
if 表达式:
    break
```

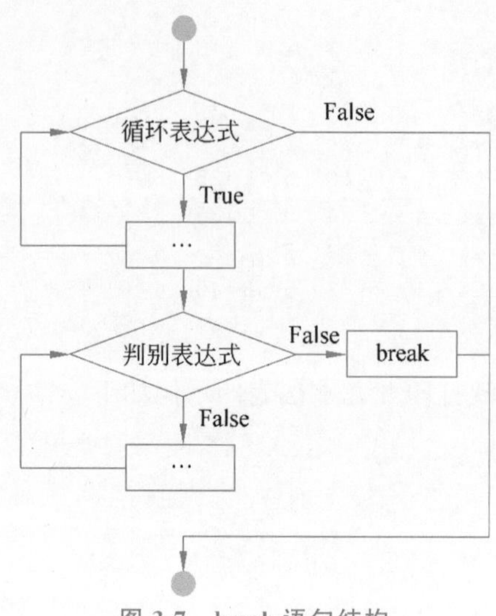

图 3-7 break 语句结构

示例如文件 3.9 所示，如果 x 是“banana”，则退出循环。

【文件 3.9】 **demo16.py**

```
fruits = ["apple", "banana", "cherry"]
for x in fruits:
    print(x)
    if x == "banana":
        break
print("End")
```

运行结果为

```
apple
banana
End
```

可以看到在第二次循环时，x 为“banana”，所以就退出循环，没有继续输出“cherry”。如果想要在 x 为“banana”时退出循环，并且在打印之前中断，即不打印出“banana”，代码如下。

【文件 3.10】 **demo17.py**

```
fruits = ["apple", "banana", "cherry"]
for x in fruits:
    if x == "banana":
        break
    print(x)
print("End")
```

运行结果

```
apple
End
```

可以看出，修改后的程序先判断 x 是否等于“banana”，如果不是，才打印输出，如果 x 为

"banana",则直接中断,退出循环,不执行后面的 print(x)。退出循环体后,继续执行后续语句 print("End")。

while 循环中 break 语句的示例如文件 3.11 所示,当 n 大于 3 时,即停止循环。

【文件 3.11】 demo18.py

```
n =1
while True:
    print(n)
    n +=1
    if n >3:
        break
```

运行结果

```
1
2
3
```

下面查看在嵌套循环中使用 break 语句,示例代码如文件 3.12 所示。先看如果不使用 break 语句的执行效果。

【文件 3.12】 demo19.py

```
color = ["red", "green", "blue"]
fruits = ["apple", "banana", "cherry"]

for x in color:
  for y in fruits:
    print(x, y)
```

运行结果:

```
red apple
red banana
red cherry
green apple
green banana
green cherry
blue apple
blue banana
blue cherry
```

使用 break 语句的示例代码如文件 3.13 所示。

【文件 3.13】 demo20.py

```
color = ["red", "green", "blue"]
fruits = ["apple", "banana", "cherry"]

for x in color:
  for y in fruits:
    print(x, y)
```

```
    if y =="banana":
        break
```

运行结果：

```
red apple
red banana
green apple
green banana
blue apple
blue banana
```

内层循环执行到 y 等于"banana"时，遇到 break 语句，跳出内层循环，继续外层循环，x 继续等于下一个元素。

3.4.2 continue 语句

continue 语句也可以跳出循环，但是与 break 语句有所不同：break 语句跳出循环，并停止循环，继续执行循环体之外的语句；而 continue 语句只能跳出本次循环，不执行本次循环的循环体中的后续语句，但需要继续执行下一次循环，continue 语句的结构如图 3-8 所示。

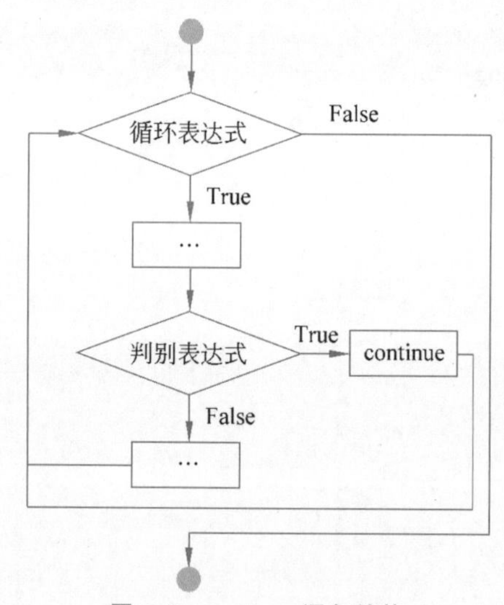

图 3-8　continue 语句结构

在 while 循环语句中使用 continue 跳转语句的形式如下。

```
while 表达式 1:
    语句块
    if 表达式 2:
        continue
```

在 for 循环语句中使用 continue 跳转语句的形式如下。

```
for 迭代变量 in 对象:
    语句块
```

```
if 表达式:
    continue
```

示例如下,如果 x 是“banana”,则退出本次循环,不执行后续的打印语句,然后继续执行下一轮的循环。

【文件 3.14】 demo21.py

```
fruits = ["apple", "banana", "cherry"]
for x in fruits:
    if x == "banana":
        continue
    print(x)
print("End")
```

运行结果:

```
apple
cherry
End
```

可以看到,在第二次循环时,x 为“banana”,遇到 continue 语句,所以就跳出本次循环,不执行打印语句,没有输出“banana”。然后继续下一轮循环,x 继续等于“cherry”,然后打印输出“cherry”。

下面是 while 循环中 continue 语句的示例。

【文件 3.15】 demo22.py

```
i = 5
while i > 0:
    i -= 1
    print("i=", i)
    if i >= 3:
        print("我在 continue 之前,会执行")
        continue
        print("我在 continue 之后,不会执行")
```

运行结果:

```
i=4
我在 continue 之前,会执行
i=3
我在 continue 之前,会执行
i=2
i=1
i=0
```

可以看到,遇到 continue 语句后,循环体后续语句不再执行,进入下一轮循环,直到循环结束。

下面查看在嵌套循环中使用 continue 语句。

【文件 3.16】 demo23.py

```
color = ["red", "green", "blue"]
fruits = ["apple", "banana", "cherry"]

for x in color:
    for y in fruits:
        if y == "banana":
            continue
        print(x, y)
```

运行结果：

```
red apple
red cherry
green apple
green cherry
blue apple
blue cherry
```

可以看到，当 y 等于“banana”时，遇到 continue 语句，不打印输出，继续执行下一轮循环，y 等于“cherry”。

注意和 break 语句区分，代码如下。

【文件 3.17】 **demo24.py**

```
color = ["red", "green", "blue"]
fruits = ["apple", "banana", "cherry"]

for x in color:
    for y in fruits:
        if y == "banana":
            break
        print(x, y)
```

运行结果：

```
red apple
green apple
blue apple
```

3.4.3 pass 语句

pass 语句表示空操作，在执行时没有任何反应。使用 pass 语句可以保证格式完整和语义完整。

在编写一个程序时，执行语句部分思路还没有完成，或需后续再写，这时可以使用 pass 语句来占位，也可以当作一个标记，以后再继续完成这部分代码。例如：

```
def iplayPython():
    pass
```

pass 也常用于为复合语句编写一个空的主体，比如想要一个 while 语句的无限循环，每次迭代时不需要任何操作，即可以使用 pass 语句实现。

```
while True:
    pass
```

以上只是理论上可以，实际写代码时最好不要这样写，因为执行代码块为 pass，也就是空，什么也不做，这时 Python 会进入死循环。要尽量避免程序进入死循环。

实训 3 功能选择

需求说明

根据实训 1 的功能菜单，依据用户输入的数字，打印输出相应的功能语句。循环重复实现此功能，若用户选择退出，输出提示语，需用户确认退出再结束程序。

训练要点

循环控制语句、选择控制语句。

实现思路

使用循环控制语句 while 控制多次打印功能菜单和提示用户输入。

使用选择控制语句根据用户的输入来打印相应的功能语句和控制用户退出。

解决方案及关键代码

```
while True:
    print('=' * 30)
    print('欢迎使用学生管理系统')
    print('1.添加学生信息')
    print('2.删除学生信息')
    print('3.修改学生信息')
    print('4.查询所有学生信息')
    print('5.组合学生信息')
    print('6.查询学生电话')
    print('0.退出系统')
    print('=' * 30)
    key =input("请输入功能对应的数字:")  #获取用户输入的序号
    if key =='1':                        #添加学生信息
        print('添加学生信息')
    elif key =='2':                      #删除学生信息
        print('删除学生信息')
    elif key =='3':                      #修改学生信息
        print('修改学生信息')
    elif key =='4':                      #查询所有学生信息
        print('查询所有学生信息')
    elif key =='5':                      #组合所有学生信息
        print('组合所有学生信息')
    elif key =='6':                      #查询电话
        print('查询电话')
    elif key =='0':
```

```
    quit_confirm = input('亲,真的要退出么?(Yes or No):').lower()
    if quit_confirm == 'yes':
        print("谢谢使用!")
        break                          #跳出循环
    elif quit_confirm == 'no':
        continue
    else:
        print('输入有误!')
```

小结

本章介绍了程序控制结构,从结构化程序设计的角度来看,程序有三种控制结构:顺序结构、选择结构和循环结构。若是在程序中没有选择语句或循环语句,系统则默认自上而下一行一行地执行,这类程序的结构就为顺序结构。控制语句在各种不同的语言中基本类似。如果遇到 if、else 等选择控制语句,则根据条件判断,进入不同的分支执行。若遇到 while、for 等循环语句,则根据条件,多次执行循环体。若在分支语句或循环体中遇到 break、continue 和 pass 跳转语句,则根据关键字不同执行不同的跳出循环体操作。控制语句在程序运行过程中控制程序的流程,并最终实现业务逻辑。

课后练习

1. 简述 Python 程序的三种控制结构。

2. 下面(　　)关键字是循环语句的。

A. while　　B. when　　C. where　　D. what

3. 在 Python 中,遇到(　　)关键字需要结束循环。

A. break　　B. continue　　C. pass　　D. end

4. 有如下程序段:

```
a,b,c = 70,50,30
if a>b:
   a=b
   b=c
   c=a
print(a,b,c)
```

程序的输出结果为(　　)。

A. 50 30 50　　B. 50 30 70　　C. 70 50 30　　D. 70 30 70

5. 有如下程序段:

```
k = 10
while k == 0:
```

```
    k -=1
    print(k)
```

下列说法正确的是(　　)。

A. while 循环执行 10 次　　B. 无限循环

C. 循环不执行　　D. while 循环执行 1 次

6. 下列程序可以正常结束的是(　　)。

A.

```
i=3
while(i>0):
    i+=1
```

B.

```
i=-3
while(i<0):
    i-=1
```

C.

```
i=3
while(i<=3):
    i-=1
```

D.

```
i=3
while(i>0):
    i-=1
```

7. 编程实现如下功能：输入层数 x，打印出如下效果的等腰三角形(图中示例 x=5)。

```
        *
      * * *
    * * * * *
  * * * * * * *
* * * * * * * * *
```

8. 编程打印 1～100 的所有偶数。

第4章 函　数

随着程序功能复杂度的增加,如果仍然按照前面各章编写代码从上到下顺序执行的方式,就会影响程序的开发效率,也会影响后期程序的管理与维护。为了避免上述问题发生,同时为了提高程序的复用性及逻辑性,在 Python 中,采用函数来实现上述目标。函数就像是代码中执行特定任务的小程序,有助于使代码更有条理、可重用且易于理解。

本章将对如何定义和调用函数、函数的参数传递、变量的作用域、递归函数等内容进行讲解。

4.1 函数定义与调用

创建函数的目的是封装逻辑功能模块,实现代码的重用。本节主要介绍如何定义与调用函数。

4.1.1 定义函数

在前面几章内容中也学习过几个函数,例如,用于输出的 print()函数、用于输入的 input()函数,这些都是 Python 的内置函数,可以直接使用。除了可以直接使用的内置函数外,在 Python 中,用户也可以自定义函数,即执行某个特定任务的代码块,在程序开发时重复使用,避免了在代码中重复编写相同的逻辑。函数定义具体的语法格式如下。

```
def 函数名([参数列表]):
    函数体
    [return 语句]
```

其中,用[]括起来的为可选择部分,既可以使用,也可以省略。

在此语法格式中,各部分参数的含义如下。

def 关键字:使用该关键字来命名定义函数。

函数名：其实就是一个符合 Python 语法的标识符，但不建议读者使用 a、b、c 这类简单的标识符作为函数名，函数名最好能够体现出该函数的功能。

参数列表：设置该函数可以接收多少个参数，多个参数之间用逗号（ ，）分隔。

函数体：用于实现函数功能的语句代码。

[return 语句]：用于设置该函数的返回值。也就是说，一个函数可以有返回值，也可以没有返回值，是否需要根据实际情况而定。

例如，定义一个计算两个数的差的函数，代码示例如下。

【文件 4.1】 sub.py

```
1.  def sub():
2.      result=22-11
3.      print(result)
```

以上定义的 sub 函数是一个无参函数，只能计算 22 与 11 两个数的差，具有非常大的局限性。可以定义一个具有两个参数 a 和 b 的 sub_modify()函数，通过采用该函数的参数 a、b 来接收实际的数据，从而实现计算两个数的差的运算的功能。示例代码如下。

【文件 4.2】 sub_modify.py

```
1.  def sub_modify(a,b):
2.      result=a-b
3.      print(result)
```

4.1.2 调用函数

调用函数也就是执行函数。如果把定义的函数理解为一个具有某种功能的工具，那么调用函数就相当于使用该工具。

函数调用的基本语法格式如下。

```
[返回值] =函数名([形参值])
```

其中，函数名即指的是要调用的函数的名称；形参值指的是定义函数时要求传入的各个形参的数据。如果该函数有返回值，既可以通过一个变量来接收该值，也可以不接收。

例如，在 4.1.1 节中定义的 sub()函数与 sub_modify()函数，相应的调用函数的代码如下。

```
1.    sub()
2.    sub_modify(20,10)
```

代码的运行结果如下。

```
11
10
```

实际上，程序在执行代码“sub_modify(20,10)”时，是经过几个步骤后实现的代码功能，接下来对中间的过程进行分析。

(1) 程序在执行代码“sub_modify(20,10)”时，即调用函数 sub_modify()时，程序暂停

继续往下执行。

(2) 将实际的数据20、10传递给函数定义时的参数a、b。

(3) 接下来执行函数定义的函数体语句,即执行代码"result=a-b"与"print(result)"。

(4) 最后,回到函数调用的位置(暂停处)继续执行后面的代码。

需要注意的是,创建函数有多少个形参,那么调用时就需要传入多少个数据,且顺序必须和创建函数时一致。即便该函数没有参数,函数名后的圆括号也不能省略。

4.2 函数参数传递

Python函数的参数具有灵活性,其定义的方法可以接收各种形式的参数,也可以简化函数调用方法的代码。Python中将定义函数时设置的参数称为形式参数,将调用函数时设置的参数称为实际参数。函数参数传递的作用是将实际参数传递给形式参数,令形式参数对接收的实际数据做具体的操作处理。函数参数传递的方式主要有位置参数传递、关键字参数传递、默认参数传递、可变参数传递。本节内容主要讲解关于函数参数传递的几种方式。

4.2.1 位置参数传递

位置参数,指的是必须按照正确的顺序从左到右将实际参数传递给函数定义的形式参数中,也就是调用函数时传入实际参数的数量和位置都必须和定义函数时的形式参数的数量和位置保持一致。

例如,定义一个获取两个数之间最小值的函数get_min(),并调用该函数,示例代码如下。

【文件4.3】 get_min.py

```
1. def get_min(a,b):
2.     if a>b:
3.       min=b
4.     else:
5.       min=a
6.     print('最小值为',min)
7. get_min(3,5)
```

在以上代码中,执行函数get_min()时,将实际参数3、5按照从左到右的顺序传递给实际参数a、b,这就是典型的位置参数传递的示例。

执行上述程序后,运行结果如下。

```
最小值为 3
```

4.2.2 关键字参数传递

在4.2.1节内容中介绍的位置参数传递的方式也存在着一定的局限性,即传入函数中的实际参数必须要与形式参数位置保持一致,否则就会出现传递错误。而本节将要介绍的关键字参数传递的方式很好地避免了这个问题。

关键字参数传递指的是采用形式参数名确定输入的相应的实际参数值。通过这种方式,实际参数与形式参数的位置不用必须保持一致,只需要在确定实际参数值时,将形式参数名书写正确就可以了。因此,采用这种方式令函数调用与参数传递更加灵活。

例如,定义一个输出学生信息的函数,示例代码如下。

【文件 4.4】 get_info.py

```
1.  def get_info(name,age,grade):
2.      print("姓名为%s,年龄为%d岁,年级为%s"%(name,age,grade))
3.  get_info(name="xiaoming",grade="大一",age=18)
```

运行代码,结果如下。

```
姓名为xiaoming,年龄为18岁,年级为大一
```

从上面的程序分析,可以得出虽然实际参数数据传递给形式参数时,顺序不一致,但是运行结果是正确的,因此,采用关键字参数传递这种方式是可行的。

4.2.3 默认参数传递

在定义函数时,直接指定函数的形参的默认值。这样,在函数调用没有传入参数时,则直接使用函数定义时的形式参数的默认值作为实际参数值;反之,如果在函数调用有实际参数传入时,则使用函数调用时的实际参数值。

例如,定义一个输出学生信息的函数,示例代码如下。

【文件 4.5】 get_info1.py

```
1.  def get_info(name="xiaoming",age,grade):
2.      print("姓名为%s,年龄为%d岁,年级为%s"%(name,age,grade))
3.  get_info(grade="大一",age=18)
```

运行代码,结果如下。

```
姓名为xiaoming,年龄为18岁,年级为大一
```

分析上述程序,其中,形参 name 采用的是默认参数传递的方式。

接下来,如果在函数调用时,有实际参数传递给带有默认值的形式参数,程序是如何运行的?仍然以定义输出学生信息的函数为例,示例代码如下。

【文件 4.6】 get_info2.py

```
1.  def get_info(name="xiaoming",age,grade):
2.      print("姓名为%s,年龄为%d岁,年级为%s"%(name,age,grade))
3.  get_info(name="zhangli",grade="大一",age=18)
```

运行代码,结果如下。

```
姓名为zhangli,年龄为18岁,年级为大一
```

分析上述程序,有实际参数"zhangli"传递给带有默认值的形式参数 name,最后,程序使用函数调用时的实际参数值。

4.2.4 可变参数传递

定义可变参数，主要分为以下两种形式。

1. * parameter

采用这种形式作为形参，表示接收任意多个实际参数并且以元组形式打包。例如，定义一个形参为 args 的函数 func1()，示例代码如下。

【文件 4.7】 func1.py

```
1.  def func1( * args):
2.      count=0
3.      for i in args:
4.          count=count+i
5.      return count
6.  print(func1(1,3,5))
```

运行代码，结果如下。

```
9
```

分析上述程序，调用 func1()函数时传入多个实际参数，多个实参会以元组形式打包后传递给形参 * args。

2. * * parameter

采用这种形式作为形参，表示接收任意多个显式赋值的实际参数并且以字典形式打包。例如，定义一个形参为 kwargs 的函数 func2()，示例代码如下。

【文件 4.8】 func2.py

```
1.  def func2( * * kwargs):
2.      print(kwargs)
3.  func2(a=1,b=2,c=3,d=4)
```

运行代码，结果如下。

```
{'a': 1, 'b': 2, 'c': 3, 'd': 4}
```

分析上述程序，调用 func2()函数时传入多个实际参数，多个实参会以字典形式打包后传递给形参 * * kwargs。

4.3 函数返回值

创建函数的目的是实现某些功能，或者是完成某些任务。当任务完成后，需要获取到最后的结果。函数设置返回值的目的就是将函数最后执行的结果返回给调用方，函数中的 return 语句就可以实现这一功能，在函数结束时将运行结果返回给函数调用处，同时程序回到函数调用处继续往下执行。

例如，定义一个用户登录的函数，代码如文件 4.9 所示。

【文件 4.9】 log.py

```
1.  def log(username,password):
2.      if username=="josh" and password=="josh123":
3.          return "登录成功"
4.      else:
5.          return "重新登录"
6.  log_1=log("josh","josh123")
7.  log_2=log("josh1","123456")
8.  print(log_1)
9.  print(log_2)
```

运行代码,结果如下。

```
登录成功
重新登录
```

分析上述程序,当函数调用时,实际参数如果符合条件,返回结果是“登录成功”;否则,返回结果为“重新登录”。返回的结果传递给函数调用方,同时程序回到函数调用处继续往下执行。

4.4 变量作用域

变量作用域是指程序代码能够访问该变量的区域。如果超出可访问的区域,程序就会出现异常。有些变量可以在整个程序代码中使用,有些变量只能在函数内部使用,在程序中根据变量的有效范围,将变量分为“局部变量”与“全局变量”。

4.4.1 局部变量

局部变量是指在函数内部定义并使用的变量,它只在函数内部有效。即函数内部的变量只在函数运行时才会创建,在函数运行前或者运行完毕之后,所有的变量就都不存在了。所以,如果在函数外部使用函数内部定义的变量,就会出现异常。

例如,定义一个 test()函数,在函数内部定义一个变量 message 为局部变量。分别在函数内与函数外去访问该变量,示例代码如文件 4.10 所示。

【文件 4.10】 test.py

```
1.  def test():
2.      message="测试成功"
3.      print("局部变量 message=",message)     #函数内访问局部变量
4.  test()
5.  print("局部变量 message=",message)         #函数外访问局部变量
```

运行代码,结果如下。

```
局部变量 message=测试成功
Traceback (most recent call last):
  File "E:/Users/Admin/PycharmProjects/测试.py", line 5, in &lt;module&gt;
```

```
        print("局部变量 message=",message)
    NameError: name 'message' is not defined
```

分析上述程序，在定义了 test()函数的函数体中，给局部变量 message 进行赋值，在函数调用时对局部变量进行了访问并成功输出局部变量的值，函数运行过程中局部变量作用域有效；当函数调用结束后，在函数外再次访问并输出局部变量的值，结果程序运行出现了异常，说明在函数外无法直接访问局部变量。

另外，需要注意的是，函数的形式参数也属于局部变量，只能在函数内部使用。

4.4.2 全局变量

除了在函数内部可以定义变量，在函数外部也可以定义变量，这样的变量称为全局变量。全局变量在整个程序范围内都是有效的，不仅在函数外可以使用，在函数外也可以访问。全局变量主要分为以下两种情况。

(1) 在函数外定义一个变量，再定义一个函数，在该函数内只能访问该变量，不能修改变量值。在函数外定义的变量称为全局变量。例如，定义一个 test()函数，定义一个全局变量 message，示例代码如文件 4.11 所示。

【文件 4.11】 test1.py

```
1.  message="测试成功"                        #定义全局变量
2.  def test():
3.      print("全局变量 message=",message)    #函数内访问全局变量
4.  test()
5.  print("全局变量 message=",message)        #函数外输出全局变量
```

运行代码，结果如下。

```
全局变量 message=测试成功
全局变量 message=测试成功
```

分析上述程序，在函数体外定义了全局变量 message，不仅成功直接在函数体外进行访问输出，也在函数内进行了访问。

(2) 首先，使用 global 关键字修饰并且在函数体内定义的变量，也称为全局变量。该变量可以在函数体外进行访问，并且在函数体内不仅可以访问还可以对其变量值进行修改。例如，定义一个 test()函数，定义一个全局变量 message，示例代码如文件 4.12 所示。

【文件 4.12】 test2.py

```
1.  message="测试成功"                        #定义全局变量
2.  def test():
3.      message="测试失败"
4.      print("全局变量 message=",message)    #函数内访问全局变量
5.  test()
6.  print("全局变量 message=",message)        #函数外输出全局变量
```

运行代码，结果如下。

```
全局变量 message=测试失败
全局变量 message=测试成功
```

分析上述程序，在函数内部定义的变量即使与全局变量名相同，全局变量的值也不受影响。如果要在函数体内改变全局变量的值，那么在定义局部变量时，需要采用 global 关键字来修饰变量名，例如，将上面的代码修改后如文件 4.13 所示。

【文件 4.13】 test3.py

```
1.  message="测试成功"                              #定义全局变量
2.  print("全局变量 message=",message)             #函数外输出全局变量
3.  def test():
4.      global message
5.      message="测试失败"
6.      print("全局变量 message=",message)         #函数内访问全局变量
7.  test()
8.  print("全局变量 message=",message)             #函数外输出全局变量
```

运行代码，结果如下。

```
全局变量 message=测试成功
全局变量 message=测试失败
全局变量 message=测试失败
```

分析上述程序，在函数体内采用 global 关键字来修饰变量名 message，就可以修改全局变量的值。

另外，需要注意的是，尽管 Python 允许全局变量名与局部变量名相同，但是在实际开发时，不建议采用这种方式，由于代码容易产生混淆，开发人员很难分清哪些是全局变量，哪些是局部变量。

4.5 递归函数

在函数内部，可以调用其他函数。如果一个函数在内部调用了本身，这个函数就称为递归函数。

递归函数定义满足以下条件。

(1) 必须有一个明确的结束递归的条件，即终止条件。

(2) 得出求解此类问题的递推公式。

递归函数定义的一般格式为

```
def 函数名([参数列表]):
    if 终止条件:
        return 结果
    else:
        return 递推公式
```

递归函数的执行分为递推与回溯两个阶段。

(1) 递推：前一次的输出都要作为下一次的输入，也就是递推本次的输入都是基于上一次的输出结果。

(2) 回溯：执行到终止条件时，程序返回来一级一级执行，并返回结果。

接下来通过一个具体的例子来进一步理解递归函数是如何执行的。例如，递归函数实现斐波那契数列。

斐波那契数列又称为兔子数列。兔子一般在出生两个月之后就有了繁殖能力，每对兔子每月可以繁殖一对小兔子，假如所有的兔子都不会死，试问一年以后一共有多少对兔子？

斐波那契数列指的是这样一个数列：

1，1，2，3，5，8，13，21，34，55，89，144，233,377,610,987,1597,2584,4181,6765,10946,17711,28657,46368,…

这个数列从第三项开始，每项的值都等于前两项的和。n 表示第几项，f(n)表示第 n 项的值，数列可以表示为

```
f(1)=1
f(2)=1
f(3)=f(1)+f(2)=1+1=2
f(4)=f(3)+f(2)=2+1=3
...
f(n)=f(n-1)+f(n-2)
```

由以上数列的推导过程可以得出，递归函数的终止条件为 f(1)＝1 或 f(2)＝1，递推公式为 f(n)＝f(n-1)＋f(n-2)。因此，采用递归函数实现斐波那契数列，示例代码如文件 4.14 所示。

【文件 4.14】 fib.py

```
1.  def fib(n):                              #定义递归函数
2.      if n==1 or n==2:
3.          return 1
4.      else:
5.          return fib(n-1)+fib(n-2)
6.  print(fib(12))                           #调用递归函数
```

运行代码，结果如下。

```
144
```

分析上述程序，每一级递归都需要调用函数，递归本次的输入也是采用上一次的输出结果。

4.6 Python 常见库函数

Python 是一门应用广泛的编程语言，拥有着众多的库函数，这些函数可以帮助开发者在项目中快速地完成各种任务。以下是常见的 Python 库函数。

4.6.1 math 库

math 库：Python 提供的数学类函数标准库，包含很多数学公式。首先是常用的数字常数，如表 4-1 所示。

表 4-1 Python 常用数字常数

数字常数	数学表示	描述
math.pi	π	圆周率,值为 3.141 592 6…
math.e	e	自然对数,值为 2.718 281 8…
math.info	∞	正无穷大,负无穷大是－math.info
math.nan	NAN	非数字,Not a Number

接下来是常用的 math 标准库的库函数,如表 4-2 所示。

表 4-2 Python 中 math 标准库函数

函数	描述	函数	描述
ceil(x)	向上取整	pow(x, y)	返回 x 的 y 次幂
floor(x)	向下取整	sqrt(x)	x 的平方根
fabs(x)	绝对值		

以下是关于 math 库常用函数的示例代码,如文件 4.15 所示。

【文件 4.15】 mathdemo.py

```
1.  import math
2.  print (math.ceil(3.14))
3.  print (math.floor(3.14))
4.  print (math.fabs(-3.14))
5.  print (math.pow(2,4))
6.  print (math.sqrt(4))
```

运行代码,结果如下。

```
4
3
3.14
16.0
2.0
```

4.6.2 Python 常见函数

Python 常见函数包括 range()函数、进制转换函数、round()函数等,常见的函数如表 4-3 所示。

表 4-3 Python 中常见函数

函数	描述
range(start, stop[, step])	返回开始数值 start,结束数值为 stop,数值间隔为 step 的迭代器。 参数说明如下。 start:计数从 start 开始。start 参数可以不传,默认是从 0 开始。 stop:计数到 stop 结束,但不包括 stop。 step:步长,默认为 1

续表

函　数	描　述
bin(num)	将十进制数值 num 转成二进制(num 必须是 int 类型)
oct(num)	将十进制数值 num 转成八进制(num 必须是 int 类型)
int(num, base=10)	根据指定进制 base 转换成十进制(注意,如果传了参数 base,则 num 必须是字符串形式)
hex(num)	将十进制数值 num 转成十六进制(num 必须是 int 类型)
round(number,digits)	用于数字的四舍五入。其中,digits＞0,四舍五入到指定的小数;digits=0,四舍五入到最接近的整数;digits＜0,在小数点左侧进行四舍五入;如果 round()函数只有 number 这个参数,等同于 digits=0

以下是关于常用函数的示例,如文件 4.16 所示。

【文件 4.16】 test4.py

```
1.  for i in range(1,5,2):
2.      print(i)
3.  print(bin(4))
4.  print(oct(12))
5.  print(int('0o12',8))
6.  print(hex(20))
7.  print(round(5.214,2))
```

运行代码,结果如下。

```
1
3
0b100
0o14
10
0x14
5.21
```

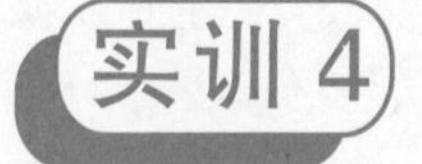

实训 4　函数定义系统功能

需求说明

本实例要求编写代码,利用函数实现学生管理信息系统中学生信息显示、增加及删除等功能的程序。

训练要点

函数的定义,函数的调用。

实现思路

(1) 使用函数定义学生信息显示、增加及删除功能模块。

(2) 调用函数实现学生信息显示、增加及删除功能。

解决方案及关键代码

```
stu_info = []
#功能展示
print('0.退出系统')
print('1.添加学生信息')
print('2.删除学生信息')
print('3.查询所有学生信息')


#添加学生信息
def add_stu_info():
    #提示并获取学生的姓名
    new_name = input('请输入新学生的姓名:')
    #提示并获取学生的性别
    new_sex = input('请输入新学生的性别:')
    #提示并获取学生的手机号
    new_phone = input('请输入新学生的手机号码:')
    new_info = dict()
    new_info['name'] = new_name
    new_info['sex'] = new_sex
    new_info['phone'] = new_phone
    stu_info.append(new_info)
    print(stu_info)

#删除学生信息
def del_stu_info(student):
    del_num = int(input('请输入要删除的序号:')) - 1
    del student[del_num]
    print("删除成功!")


#显示所有的学生信息
def show_stu_info():
    print('学生的信息如下:')
    print('=' * 30)
    print('序号    姓名    性别    手机号码')
    i = 1
    for tempInfo in stu_info:
        print("%d    %s    %s    %s" % (i, tempInfo['name'],
                tempInfo['sex'], tempInfo['phone']))
        i += 1


#在main函数中执行不同的功能
def main():
```

```
    while True:
        key =input("请输入功能对应的数字:")    #获取用户输入的序号
        if key =='1':                        #添加学生信息
            add_stu_info()
        elif key =='2':                      #删除学生信息
            del_stu_info(stu_info)
        elif key =='3':                      #查询所有学生信息
            show_stu_info()
        elif key =='0':
            print("谢谢使用!")
            break                            #跳出循环


if __name__ =='__main__':
    main()
```

小结

模块化设计的思想就是采用函数进行程序设计，接收输入参数并执行某个特定任务的代码块。本章主要讲解了函数的相关知识，包括函数的定义和调用、函数参数的传递、函数的返回值、变量作用域、递归函数及 Python 常见库函数等内容。此外，本章结合学生管理信息系统实训案例进一步理解掌握函数的用法。通过本章的学习，希望读者能够掌握函数相关知识，熟练地在实际开发中应用函数，从而大大简化程序代码，并提高代码的可读性和可维护性。

课后练习

一、单选题

1. 以下代码的运行结果是(　　)。

```
deffunc(num, * args):
   print(args)
func(1, 2, 3, 4)
```

A. (2,3,4)　　B. (1,2,3)　　C. (1,2)　　D. (3,4)

2. 以下控制语句的执行结果是(　　)。

```
num_one =12
def sum(num_two):
   return num_one +num_two
print(sum(10))
```

A. 12　　B. 10　　C. 22　　D. 编译出错

3. 以下程序的运行结果是(　　)。

```
num_one =12
Num_two =20
def sum():
    global num_one
    num_one=22
    return num_one +num_two
print(sum())
```

A. 12　　B. 32　　C. 编译出错　　D. 42

二、编程题

1. 编写函数,统计字符串中大写字母、小写字母、数字及其他字符的数量。

2. 编写递归函数,实现计算 $20\times19\times18\times\cdots\times3\times2\times1$ 的结果。

第5章 字符串

在日常的编码中,很多时候需要对数据进行处理,无论数据是数组、列表、字典,最终都离不开对字符串的处理。字符串是字符的集合,用于存储和表示基本的文本信息,是编程语言中表示文本的数据类型。在 Python 语言中,只有用于保存字符串的 String 类型,而没有用于保存单个字符的数据类型。单个字符在 Python 中也作为一个字符串来使用。字符串是 Python 中最常用的数据类型。本章学习字符串的相关内容,包括字符串的创建、索引、拼接等操作。

5.1 字符串的表示

5.1.1 字符串的创建

若干个字符的集合就是一个字符串(String)。可以使用单引号(')、双引号(")或三引号(即三个连续的单引号'''或双引号""")来创建字符串。对于不包含任何字符的字符串,称为空字符串。创建字符串很简单,只要为变量分配一个值即可。字符串创建示例如文件 5.1 所示。

【文件 5.1】 String.py

```
str1='Hello World! '          #使用一对单引号创建字符串并赋给变量 str1
str2="你好"                    #使用一对双引号创建字符串并赋给变量 str2
str3='''我喜欢 Python'''       #使用一对三引号创建字符串并赋给变量 str3
print(str1)
print(str2)
print(str3)                   #输出三个字符串
```

程序运行的结果如下。

```
Hello World!
你好
我喜欢 Python
```

5.1.2 字符串的转义

在字符串中，反斜杠“\”具有转义的作用。

(1) 将“\”单独放在较长字符串某一行的行尾，表示续行，即下一行与当前行是同一行。

(2) 如果字符串中本身含有“\”，为了使字符串能正常输出，需要让反斜杠“\”失去转义功能。此时有两种方法，可以使用连续的两个反斜杠“\\”来表示字符“\”；或者在字符串的开头加上 r 前缀。具体示例如下。

```
print('This is line1.\
This is line2.')
print('This is line1.\\This is line2.')
print(r'This is line1.\This is line2.')
```

运行结果如下。

```
This is line1.This is line2.
This is line1.\This is line2.
This is line1.\This is line2.
```

(3) “\'”与“\"”分别表示输出单引号和双引号本身。

常用转义字符见表 5-1。

表 5-1 常见转义字符

转义字符	含　义	转义字符	含　义
\(在行尾时)	续行符	\n	换行
\\	反斜杠\	\r	回车
\'	单引号'	\t	水平制表符
\"	双引号"		

5.1.3 引号的区别

单引号与双引号二者在使用方法上并没有什么区别。使用单引号或双引号表示字符串时，如果字符串内容中出现引号，需要进行特殊处理，否则会出现错误。例如 'I'm a great coder! '，由于该字符串中包含单引号，此时 Python 会将字符串中的单引号与第一个单引号配对，这样就会把'I'当成字符串，而后面的 m a great coder! '就变成了多余的内容，从而导致语法错误。在这种情况下，有两种解决方案。

(1) 对引号进行转义。在引号前面添加斜杠\就可以对引号进行转义，让 Python 把它作为普通文本对待，例如：

```
str1 = 'I\'m a great coder! '   #使用\'说明该单引号是字符串中的一个字符，不加\会报错
```

```
str2 = "He said:\"It is a book.\""        #使用\"说明该双引号是字符串中的字符
print(str1)
print(str2)
```

运行结果：

```
I'm a great coder!
He said:"It is a book."
```

(2) 使用不同的引号包围字符串。如果字符串内容中出现了单引号，可以使用双引号包围字符串。反之亦然。

```
str1 = "I'm a great coder!"               #使用双引号包围含有单引号的字符串
str2 = 'He said:\"It is a book.\"'        #使用单引号包围含有双引号的字符串
```

此时输出结果与上面相同。

在 Python 中，程序的换行、缩进都有严格的语法要求。单引号与双引号中的字符串通常要求写在一行中，单引号和双引号中的字符串如果分多行写，必须在每行的结尾加上续行符“\”；如果希望一个字符串中包含多行信息，需要使用换行符“\n”。例如：

```
s1='Hello \
World! '                     #第一行以\作为结尾，说明第二行与第一行是同一条语句
s2="你好,\n 世界!"            #通过\n 进行换行
print(s1)
print(s2)
```

运行结果：

```
Hello World!
你好,
世界!
```

在字符串较长的情况下，可以使用三引号进行创建。使用三引号可以直接将字符串写成多行的形式或直接进行换行(不需要加\或\n)。长字符串中的换行、空格、缩进等空白符都会原样输出。

语法格式：

```
str='''你好!
欢迎学习 Python,
祝你学习愉快。'''                 #不需要加\n,输出时会自动换行
print(str)
```

运行结果：

```
你好!
欢迎学习 Python,
祝你学习愉快。
```

此外，在三引号包围的字符串中可以直接放置单引号或者双引号，不需要使用转义符。不会导致解析错误。例如：

```
str='''He said: ''It's your book.''''' 	#字符串中的单引号与双引号都正常输出
```

程序运行的结果如下。

```
He said:''It's your book.'
```

如果在 Python 程序中出现由一对三引号包围的字符串，且没有赋值给任何变量，那么这个长字符串就不会起到任何作用，可以当作注释使用。

注意，此时 Python 解释器并不会忽略长字符串，也会按照语法解析，只是起不到实际作用而已。

5.2 字符串的索引和切片

5.2.1 字符串序号

如果需要访问字符串中的一个字符，需要知道它在字符串中的位置。可以通过正向递增序号或反向递减序号对字符进行编号。字符串序号示例如表 5-2 所示。

表 5-2 字符串序号示例

字符串	p	y	t	h	o	n
正序	0	1	2	3	4	5
倒序	−6	−5	−4	−3	−2	−1

5.2.2 字符串索引与切片

通过索引(下标)可以精确地定位到字符串中的某个元素，并使用 str[num]获取该字符，num 为该字符的序号。例如：

```
str="Python"
print(str[0])                      #输出 p
print(str[-1])                     #输出 n
```

获取字符串中的多个字符，可以使用切片的方法进行截取。语法格式为 str[start:end:step]。其中，str 是待切片的字符串；start 是要切片的第一个字符的序号(包括该字符)，如果不指定默认为从头开始；end 表示切片的最后一个字符的序号(不包括该字符)，如果不指定默认至字符串结尾；step 表示切片的步长，如果不指定默认为 1。字符串截取的示例如文件 5.2 所示。

【文件 5.2】 String_slice.py

```
str ="Python"
print(str[:])              #截取字符串中的全部字符
print(str[1::2])           #从第二个字符至结尾(包括最后一个字符)，以步长为 2 进行切片
print(str[:5:3])           #从开头至第五个字符(包括第一个，不包括第六个)，步长为 3
print(str[2:4])            #截取第三个到第四个字符，默认步长为 1
```

```
print(str[::-1])          #字符串逆序输出,步长为-1表示从后向前逐一输出
```

运行结果：

```
Python
yhn
ph
th
nohtyp
```

5.3 字符串常用方法

5.3.1 字符串检索

字符串提供了4种检索方法,分别是find(), index(), rfind(), rindex()。4种方法的语法格式及参数相同。以find()方法为例,语法格式为

```
str.find(sub[,start[,end]])
```

上述4种方法的作用都是从字符串str中检索字符串sub出现的位置。start与end参数指定了检索范围,如不指定则默认在str[:](即整个字符串范围)中进行检索。

find()方法是在指定检索范围中按照从左向右的顺序进行检索,并找到字符串sub第一次出现的位置;而rfind()方法是在指定范围内按照从右向左的顺序进行检索,并找到字符串sub第一次出现的位置。

index()方法与find()作用相同,rindex()与rfind()作用相同。区别在于,当字符串str中检索不到sub时,find()与rfind()方法返回-1,而index()与rindex()会引发异常。

find()与rfind()方法使用示例如下。

```
str='Python java Python c'
print('第一次出现Python的位置:',str.find('Python'))
print('最后一次出现Python的位置:',str.rfind('Python'))
```

输出如下。

```
第一次出现Python的位置: 0
最后一次出现Python的位置: 12
```

此外,在字符串中,可以通过str.startswith('sub')和str.endswith('sub')两个函数来判断字符串是否以指定的字符串开始或结束,并根据结果输出True或False。其中,sub为指定的字符串。示例如下。

```
str='Hello world'
print(str.startswith('He'))          #判断字符串str是否以He开头
print(str.endswith('d'))             #判断字符串str是否以d结尾
print(str.endswith('s'))             #判断字符串str是否以s结尾
```

输出如下。

```
True
True
False
```

5.3.2 字符串的替换

使用字符串中的 replace()方法可以将字符串中的指定子字符串替换为其他内容，其语法格式为 str.replace(old,new[,max])。其中，str 是待操作字符串；old 和 new 分别指要替换的子串与新字符串；max 是最多替换的子串数量，如不指定该参数，则将所有满足条件的子串替换掉。replace()方法返回替换之后的字符串。

```
str='abcabcabc'
str1=str.replace('a','x',2)          #将字符串中的 a 替换为 x，且仅替换两个
str2=str.replace('bc','y')           #将字符串中的 bc 替换为 y，全部替换
print(str1)                          #输出 xbcxbcabc
print(str2)                          #输出 ayayay
```

5.3.3 字符串切割

字符串切割有两种常用方法，分别是 split()方法与 splitlines()方法。

(1) split()方法。使用 split()函数可以按照指定的分隔符对字符串进行切割，返回由切割结果组成的列表。该方法语法格式为

```
str.split(sep,maxsplit)
```

其中，str 是待切割的字符串；sep 表示指定的分隔符，可以由一到多个字符组成，不指定分隔符则默认按照空白符(空格、换行、制表符)进行切割；maxsplit 决定最大切割次数，如果指定 maxsplit 的值，则最多可以得到 maxsplit+1 个切割结果，不指定则默认 maxsplit 值为-1，表示对切割次数不做限制。

split()函数使用示例如文件 5.3 所示。

【文件 5.3】 String_split.py

```
str1='It is a book! '
str2='Python#C++#Java#PHP'
ls1=str1.split()         #默认按照空格对 str1 进行切割，且分割次数无限制
ls2=str2.split('#')      #指定#作为分隔符进行切割，分割次数无限制
ls3=str2.split('#',2)    #指定#作为分隔符进行切割，分割次数为 2 次，可以得到 3 个分割结果
print('ls1:',ls1)
print('ls2:',ls2)
print('ls3:',ls3)        #切割结果列表分别保存在 ls1,ls2,ls3 中，进行输出
```

输出结果如下。

```
ls1: ['It', 'is', 'a', 'book! ']
ls2: ['Python', 'C++', 'Java', 'PHP']
ls3: ['Python', 'C++', 'Java#PHP']
```

(2) splitlines()方法。splitlines()函数固定以行结束符('\n', '\r', '\r\n')作为分隔符对字符串进行切割,即按行对字符串进行切割,并返回由切割结果组成的列表。该方法语法格式为

```
str.splitlines(keepends)
```

其中,str是待切割字符串;keepends表示切割结果是否需要保留最后的行结束符,如果该参数值为True,则保留行结束符,否则不保留。如果不指定该参数值,则默认为False,即不保留行结束符。

splitlines()函数使用示例如下。

```
str='Python\nC++\r\nJava\r'          #字符串str含有三个行结束符
ls1=str.splitlines()                  #默认不保留行结束符
ls2=str.splitlines(True)
print('ls1:',ls1)
print('ls2:',ls2)
```

输出结果如下。

```
ls1: ['Python', 'C++', 'Java']
ls2: ['Python\n', 'C++\r\n', 'Java\r']
```

5.3.4 字符串的连接

作为一种序列数据,可以直接使用加号(+)连接两个字符串。此外,还可以使用字符串中的join()方法将字符串或序列中的元素以指定的字符连接成一个新的字符串。join()方法的语法格式为str.join(seq)。其中,seq是待连接的字符串或序列,str是连接符。字符串连接示例如文件5.4所示。

【文件5.4】 String_join.py

```
print('Py'+'thon')                    #直接使用加号连接两个字符串
s1='Python'
print('*'.join(s1))                   #使用*作为连接符,对s1中的字符进行连接
s2=['Hello','world']                  #构建字符串序列
print(' '.join(s2))                   #使用空格作为连接符,对序列s2中的元素进行连接
```

输出结果依次如下。

```
Python
p*y*t*h*o*n
Hello world
```

5.3.5 去除字符串空格

去除字符串头部或尾部空格,可以使用字符串中的strip()、lstrip()以及rstrip()方法去除头部和尾部空格。语法格式如下。

```
str.strip()                           #去除字符串str中头部与尾部的空格
```

```
str.lstrip()                    #去除字符串 str 中头部的空格
str.rstrip()                    #去除字符串 str 中尾部的空格
```

去除字符串所有空格，主要使用以下两种方法。

(1) replace()方法。使用 str.replace(' ','')可以去除 str 中的所有空格，表示使用空字符来代替字符串中的所有字符。

(2) split()方法+join()方法。先通过 split()按照空格对字符串进行切割，返回由切割结果组成的列表，再使用空字符将序列中的元素连接成一个新的字符串。

两种方法示例如下。

```
#方法 1
s='I likePython'
print(s.replace(' ',''))        #使用 replace()方法去除空格
#方法 2
s1=s.split()                    #先通过 split()返回切割列表['I', 'like', 'Python']
s2=''.join(s1)                  #连接列表元素
print(s2)
#两种方法输出结果均为 IlikePython
```

5.3.6 字符串比较

两个字符串的比较按照从左至右的顺序逐个字符比较，如果对应两个字符相同，则继续比较下一个字符。如果找到了两个不同的对应字符，则具有较大 ASCII 码的字符对应的字符串具有更大的值，此时无须继续比较剩余字符。

如果对应字符都相同且两个字符串长度相同，则这两个字符串相等；如果对应字符都相同但两个字符串长度不同，则较长的字符串具有更大的值。字符串比较示例如文件 5.5 所示。

【文件 5.5】 String_comparison.py

```
str1='Python'
str2='C++'
str3='Python3.7'
str4='Python'                   #P 的 ASCII 码是 80,C 是 67
print(str1>str2)   #比较字符串。判断 str1 是否大于 str2,是则输出 True,不是输出 False
print(str1>=str3)               #判断 str1 是否大于或等于 str3
print(str1==str4)               #判断 str1 是否等于 str4
```

比较结果如下。

```
True
False
True
```

Python 中的字符串比较是区分大小写的。如果想以不区分大小写的方式进行字符串比较，可以使用 str.lower() 方法将字符串中的所有字符转换为小写，然后继续进行比较。

此外，字符串中有多种用于大小写转换的相关方法，例如：

```
str.capitalize()              #将字符串中的首字母大写,其他小写
str.title()                   #将字符串中每个单词的首字母大写,其他小写
str.lower()                   #所有字母小写
str.upper()                   #所有字母小写
str.swapcase()                #将小写字母变大写,大写字母变小写
```

5.4 字符串处理函数

Python 中提供了 6 种字符串处理函数。

(1) len(x)：返回字符串的长度。注意：在 Python 中标点符号以及空格同样是字符长度。例如：

```
x='第一节课上 Python.'
len(x)                        #输出长度为 12
```

(2) str(x)：可以将任意类型的 x 转换成字符串形式(增加引号)。例如：str(1.23)="1.23"。

(3) eval(x)：与 str(x)的作用相对。可以将字符串转变为 Python 可以运行的语句,并执行该字符串表达式,并返回该表达式的值。也可理解为去掉字符串两侧的引号。例如：

```
eval("2+3")                   #将字符串转变为表达式 2+3,并计算输出结果 5
eval("'py' in 'Python'")      #输出 True
a="[1,2,3,4]"
print(eval(a))                #a 是字符串类型,输出列表型[1,2,3,4]
```

(4) hex(x)或 oct(x)：把整数 x 变成十六进制或者八进制的字符串。

```
hex(100),oct(100)
('0x64', '0o144')             #输出结果
```

(5) chr(x)：x 为 Unicode 编码,返回对应的字符。

(6) ord(x)：与 chr(x)作用相对,返回对应字符的 Unicode 码。

```
chr(37)                       #输出为:'%'
ord('a')                      #输出为:97
```

5.5 字符串操作符

5.5.1 字符串运算符

Python 提供了几种用于字符串运算的操作符,分别是+、*、in、not in,见表 5-3。

表 5-3 字符串操作符

操作符	描 述
+	连接两个字符串
'x' * n 或 n * 'x'	将字符串 x 重复 n 次输出
in	如果字符串中包含给定字符,返回 True
not in	如果字符串中不包含给定字符,返回 True

操作符使用方法如下。

```
print('Py'+'thon')                    #将 Py 与 thon 连接到一起
print('Py' * 2)                       #输出 2 次 Py,与 2 * 'Py'含义相同
print('Py' in 'Python')
print('x' not in 'Python')            #分别判断 Py 与 x 是否在字符串 Python 中
```

输出结果如下。

```
Python
PyPy
True
True
```

5.5.2 is 身份运算符

Python 中使用 is 操作符来比较字符串。如果两个变量具有相同的内存位置,它们的身份就被认为是相同的,并返回比较结果 True 或 False。对于字符串类型的变量,使用 is 运算符和==关系运算符效果一致。但对于列表型,==测试的是相等性,作用在于比较两个变量所指代的含义是否相同。而 is 运算符判断的是同一性,它的作用在于比较两个变量是否指向了同一个对象。is 运算符的示例如文件 5.6 所示。

【文件 5.6】 String_operator.py

```
#字符串类型
s1='hello'
s2='hello'
s1==s2          #True
s1 is s2        #True

#列表类型
x =y =[1, 2, 3]
z =[1, 2, 3]    #x 和 y 都绑定到同一个列表,而 z 被绑定在另外一个具有相同数值和顺序的列表上
x ==y           #True
x ==z           #True
x is y          #True
x is z          #False
#虽然两个列表的值相等,但它们是不同的变量
```

5.6 字符串的编解码

5.6.1 常用的编码

最早的字符串编码表是 ASCII 码表。只有 127 个字符被编码到计算机里，也就是大小写英文字母、数字和一些符号。ASCII 编码是 1 字节。注意：含有中文的字符串无法用 ASCII 编码。

为了表示其他语言的字符，出现了 GBK/GB2312 编码以及 Unicode 编码。Unicode 编码通常用两个字节表示一个字符(如果是偏僻的字符，需要 4 字节)。

为了节约空间，之后将 Unicode 编码转换为 UTF-8 编码。UTF-8 编码可以认为是 Unicode 的压缩版，占 1～3 字节，其中中文占 3 字节。

5.6.2 编码与解码

编码：通过 encode()方法可以把 str(字符串)编码为指定的特定类型的字节 bytes 数据。

解码：通过 decode()方法将编码转换成字符串。

编码与解码方法的语法格式如表 5-4 所示。

表 5-4 字符串编码与解码

方　法	描　述
str.encode(encoding='UTF-8', errors='strict')	以 encoding 指定的编码格式编码字符串，如果出错默认报一个 ValueError 的异常，除非 errors 指定的是'ignore'或者'replace'
bytes.decode(encoding="utf-8", errors="strict")	Python 3 中没有 decode()方法，但可以使用 bytes 对象的 decode()方法来解码给定的 bytes 对象，这个 bytes 对象可以由 str.encode()来编码

编码和解码的示例如文件 5.7 所示。

【文件 5.7】 **String_encode.py**

```
#编码示例
'中文'.encode('utf-8')                    #b'\xe4\xb8\xad\xe6\x96\x87'
'字符串'.encode('unicode_escape')         #b'\\u5b57\\u7b26\\u4e32'

#解码示例
b'\xc4\xe3\xba\xc3'.decode('GBK')         #你好
b'ABC'.decode('ASCII')                    #ABC
```

5.7 格式化字符串

格式化是对字符串进行一定的格式显示或输出的方式。格式化字符串意味着可以在任意位置动态分配字符串，可以输出任何想要的文本样式。本节主要介绍两种字符串的格式化方法。

5.7.1 使用%格式化字符串

%符号可以实现字符串的格式化。在字符串内部%表示特定格式字符串的占位,字符串右侧通过%连接要格式化的参数,它们和内部占位符%一一对应。在字符串内部,有几个%占位符,后面就跟几个变量或者值,顺序一一对应。

占位符%为真实值预留位置,并控制显示的格式。占位符可以包含一个类型码,用以控制显示的类型。例如,%s 表示用字符串替换,%d 表示用整数替换。常用的格式字符见表 5-5。

表 5-5 常见格式字符

格式字符	含 义
%s	字符串(采用 str()的显示)
%c	单个字符,替换成只有一个字符的字符串或将 Unicode 码转成字符替换进来
%b、%o、%d、%x、%X	分别表示二进制、八进制、十进制、小写十六进制、大写十六进制整数
%f、%e、%E	浮点数、小写 e 表示的科学记数法、大写 E 表示的科学记数法
%%	用%%转义来表示一个字符%,显示百分号%

占位符使用方法示例如下。

```
'你好, %s, 一共消费 %d 元' %('小明', 100)
#将名字与数字一次填入前面的占位符中。注意如果仅有一个需要格式化的内容,可以不加括号

'你好, 小明, 一共消费 100 元'    #输出结果
```

此外,还可以用下面的方式,对格式进行进一步的控制。

```
%[(name)][flags][width].[precision] typecode
```

- (name):命名,即参数的名称。注意:name 需要使用圆括号括起来。
- flags:可以有+,-,' '或 0。+、-分别表示右对齐和左对齐。' '为一个空格,表示在正数的左侧填充一个空格,从而与负数对齐。0 表示使用 0 填充。
- width:表示显示宽度。
- precision:表示小数点后精度,即保留几位小数。注意,设置精度前有一个小数点。

```
'%2d-%03d' %(3,1)
#对于第一个参数,输出宽度为 2,默认空格填充;第二个参数输出宽度为 3,设置为左侧用 0 填充
'%.10f' %3.1415926
#.10 表示保留 10 位小数
```

输出结果如下。

```
 3-001
3.1415926000
```

5.7.2 使用 format()方法格式化

使用 format()方法格式化的语法格式为：＜模板字符串＞.format(＜逗号分隔的参数＞)。使用{}和：来代替以前的占位符%，也称为槽。在不指定槽中序号的情况下，每个槽中要添加的内容与 format()方法中对应的参数顺序是对应的。字符串中使用以 0 开始的槽，它会用传入的参数依次替换字符串内对应的槽{0}、{1}、{2}，如图 5-1 所示。

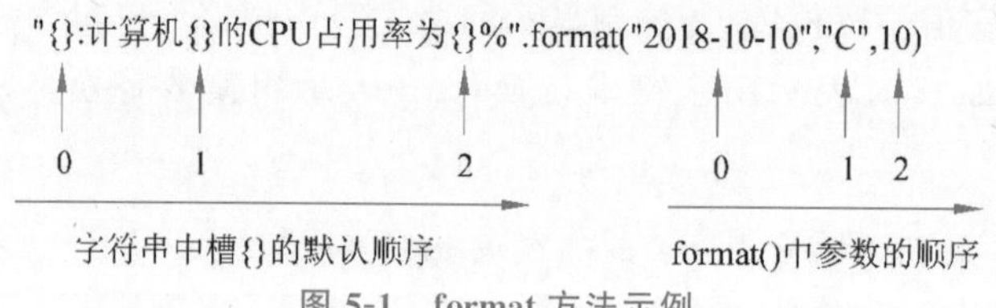

图 5-1　format 方法示例

如果指定槽中的参数序号，如图 5-2 所示，依次添加 1、0、2 三个数字，表明分别对应 format 方法中的第 1、第 0、第 2 个参数，此时输出为：'C：计算机 2018-10-10 的 CPU 占用率为 10%'。

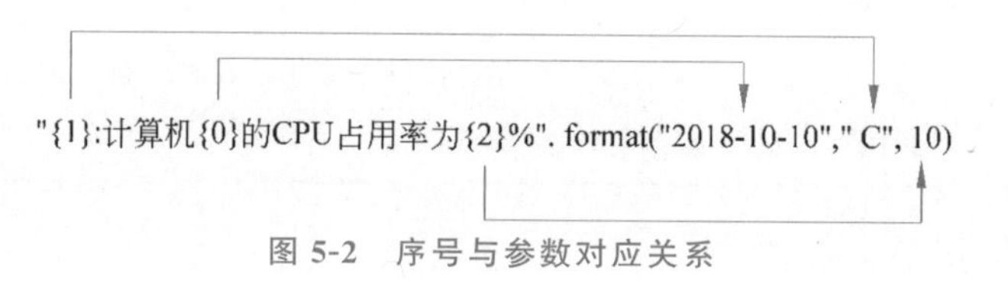

图 5-2　序号与参数对应关系

使用槽可以实现字符串的格式化。在确定槽对应的关联参数后，还可以使用槽内部的控制标记对参数的输出格式进行控制。此时，槽的内部样式为：{＜参数序号＞：＜格式控制标记＞}。Python 中提供了 6 种格式控制标记，见表 5-6。

表 5-6　格式控制标记

＜填充＞	＜对齐＞	＜宽度＞	＜，＞	＜.精度＞	＜类型＞
用于填充的单个字符	＜左对齐 ＞右对齐 ^ 居中对齐	槽设定的输出宽度	数字的千位分隔符	浮点数小数部分的精度或字符串最大输出长度	整数类型：b,c,d,o,x,X 浮点数类型：e,E,f,%

- ＜填充＞：用于填充的单个字符，默认为空格。会在槽对应的原字符串基础上填充该字符。
- ＜对齐＞：指参数在＜宽度＞内输出时的对齐方式，分别使用＜、＞和^三个符号表示左对齐、右对齐和居中对齐。默认为左对齐。
- ＜宽度＞：指当前槽的设定输出字符宽度，如果该槽对应的 format()参数长度比设定值大，则使用参数实际长度。如果该值的实际位数小于指定宽度，则其他位数使用＜填充＞字符补满。
- ＜，＞逗号：用于多于三位长度的数字时的千位分隔。
- ＜.精度＞：注意设定精度前有一个小数点。对于浮点数，精度表示小数部分输出的有效位数。对于字符串，精度表示输出的最大长度。

- <类型>：b，c，d，o，x，X 分别表示输出整数的二进制、对应的 Unicode 字符、十进制、八进制、小写十六进制，以及大写十六进制方式；e，E，f，% 分别表示小写 e 科学记数法、大写 E 科学记数法、浮点数、百分比（会自动显示该小数除以 100 后的百分比值）。

上述 6 种格式控制标记都是可选的，可以组合使用。例如，将填充、对齐、宽度组合使用，或将逗号、精度与类型组合。格式控制标记使用方法示例如文件 5.8 所示。

【文件 5.8】 **String_format.py**

```
"{0:=^20}".format("Python")
#0 表示将 format 中的第一个参数添加到槽中;=是多余字符的填充字符,^表示居中对齐,20 是输
#出字符串的宽度
"{:10}".format("hello")   #省略序号,默认为 0;输出宽度为 10,默认空格填充,并左对齐
"{0:e},{0:E},{0:f},{0:%}".format(3.14)  #以 4 种浮点数类型输出 3.14
"{0:b},{0:c},{0:d},{0:o},{0:x},{0:X}".format(425)  #以 6 种整数类型输出 425
"{0:,.2e},{0:,.2f}".format(1234.567)
#在整数部分添加千位分隔符,设置小数部分保留两位,以小写 e 科学记数法和浮点数类型输出
```

输出结果依次如下。

```
=======Python=======
hello
3.140000e+00,3.140000E+00,3.140000,314.000000%
110101001,Σ,425,651,1a9,1A9
1.23e+03,1,234.57
```

5.7.3 使用 f-string 格式化字符串

f-string 是 Python 3.6 以后引入的一种字符串格式化语法，能够使 Python 中的字符串格式化更加简洁清晰。f-string 是 format()方法的一个变种，其语法形式大致相同。

其基本语法就是通过在需要格式化的字符串前面添加一个 f 字母（f ''），然后在字符串内部使用花括号{}包住表达式，其中，{}内部可以是变量名或任何其他的 Python 表达式，最后 Python 解释器会计算表达式的值，并将其转换成字符串进行输出。注意：f-string 中花括号{}内使用的引号不能与{}外的引号冲突。例如，在{}内部使用单引号，外部使用双引号。

f-string 最常见的用法是将变量的值替换到字符串中，示例如文件 5.9 所示。

【文件 5.9】 **f_string1.py**

```
name ='Alex'
age =20
print(f"My name is {name}, and I'm {age} years old.")

#输出
My name is Alex, and I'm 20 years old.   #表达式{name}和{age}被替换成了对应的变量值
```

除变量替换外，f-string 还支持更加复杂的表达式求值，示例如文件 5.10 所示。

【文件 5.10】 **f_string2.py**

```
a =3
b =4
print(f"The sum of {a} and {b} is {a +b}")
#The sum of 3 and 4 is 7

name='alex'
print(f'{name.upper()}')      #ALEX
#将字符串中的字母全部大写
```

此外,还可以通过在花括号中使用冒号和格式化字符串的选项来控制字符串的格式化。例如,可以限定数字的位数,指定日期的格式,或者使用逗号进行数字的千分位分隔等。示例如文件5.11所示。

【文件5.11】 **f_string3.py**

```
total =10000000
interest_rate =0.045
years =10
balance =total * (1 +interest_rate) * * years
print(f"The initial investment is {total:,} dollars.")
print (f"The final balance after {years} years with an interest rate of {interest_
    rate:.2%} is {balance:,.2f} dollars.")
```

输出:

```
The initial investment is 10,000,000 dollars.
The final balance after 10 years with an interest rate of 4.50% is 15,529,694.22
  dollars.
```

在上例中,{total:,}用于在输出时添加千位分隔符,{interest_rate:.2%}用于将利率转换为百分数形式并保留两位小数,{balance:,.2f}用于将余额转换为浮点数形式并添加千位分隔符以及两位小数。

实训5 合并信息及电话查询

需求说明

(1) 将学生信息依次合并输出。

(2) 输入学生姓名并检索,查询该学生的电话号码并输出。

训练要点

字符串拼接、检索,字符串操作符的使用。

实现思路

(1) 使用for循环对列表中的学生信息依次进行输出,并使用连接符'+'将学生信息进行合并。

(2) 输入学生姓名并查询是否有该学生信息,并输出电话;如果没有则输出"无信息"。查询结束,使用if…else语句选择是否继续查询。

解决方案及关键代码

```
stu_info = [{'name': '张三', 'sex': '女', 'phone': '111111111'}, {'name': '李四',
    'sex': '男', 'phone': '2222222222'}, {'name': '王五', 'sex': '男', 'phone':
    '3333333333'}]

#拼接学生信息
def combine_stu_info():
    print('学生的信息如下：')
    print('=' * 30)
    i =1
    for tempInfo in stu_info:
        infoo =str(i) +'、学生的姓名是' +tempInfo['name']+',性别是' +tempInfo
    ['sex'] +',手机号码是' +tempInfo['phone']
        print(infoo)
        i +=1



#输入名字查询电话
def tele_info():
    search_name=input('姓名：')
    global stu_info
    for tempInfo in stu_info:
        if search_name==tempInfo['name']:
            print(f"手机号码是{tempInfo['phone']}")
    answer=input('是否要重新输入？ y/n\n')
    if answer=='y':
        tele_info()

if __name__ =='__main__':
    combine_stu_info()
    tele_info()
```

小结

字符串是 Python 中最常用的数据类型。本章首先学习了字符串类型的表示与创建，介绍了索引、切片以及其他常用方法，并讲解了字符串的常用处理函数和操作符，最后介绍了三种格式化方法——%方法、format()方法、f-string 方法。

课后练习

1. 已知 s1 = "I"am a student.", s2 = 'I\'am a student.'。依次输出 s1，s2，结果分别为(　　)。

A. I'am a student. I'am a student.　　B. I"am a student. I\'am a student.

C. I"am a student. I'am a student.　　D. 程序报错。I'am a student.

2. 若 s='What is your name',s[11:2:-2]的输出结果为(　　)。

A. 'ro it'　　B. 'ruoy si t'　　C. 'uys a'　　D. 'a syu'

3. 已知 str='abcdefabc',则执行 str.replace('abc','cba')后,输出的字符串为(　　)。

A. 'abcdefabc'　　B. 'cbadefcba'　　C. 'abcdefcba'　　D. 'cbadefabc'

4. 已知 str='a**b*c*d',则 str.split('**',2)的返回结果是(　　)。

A. ['a','b*c*d']　　B. ['a','b','c*d']　　C. 报错　　D. ['a','b','c','d']

5. 下列选项中,返回结果为 False 的表达式为(　　)。

A. 'Python3.7'>'Python'　　B. 'Python'>'Python'

C. 'C++'<'Python'　　D. 'Python'!='Python'

6. print(len("中国\"china"))的输出结果是(　　)。

A. 7　　B. 8　　C. 9　　D. 10

7. f=1234.5,则 print('%.2e'%f)执行后的输出结果是(　　)。

A. 1.2e+03　　B. 1.2345e+03　　C. 1234.50　　D. 1.23e+03

第2篇

Python 进阶篇

本篇主要讲解了Python复杂数据类型、Python文件读写与异常、Python类和模块以及图形化界面设计包tkinter的基本使用。本篇对应的贯穿项目案例为：学生管理系统(图形界面版)，基于tkinter图形化界面库编写完成。

具体项目需求和最终效果如下。

学生信息管理系统包括信息添加与查询、信息修改两大功能。基本需求和效果如下。

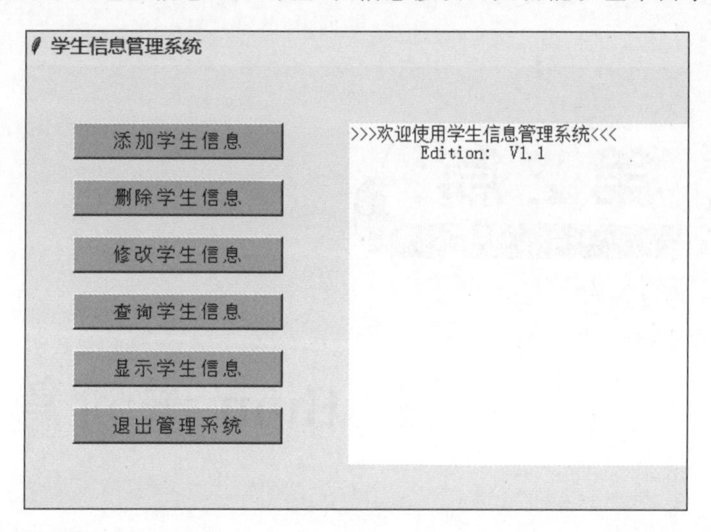

(1) 学生信息添加。

① 输入相关的学生信息，单击“确认”按钮完成信息的录入。参考图如下。

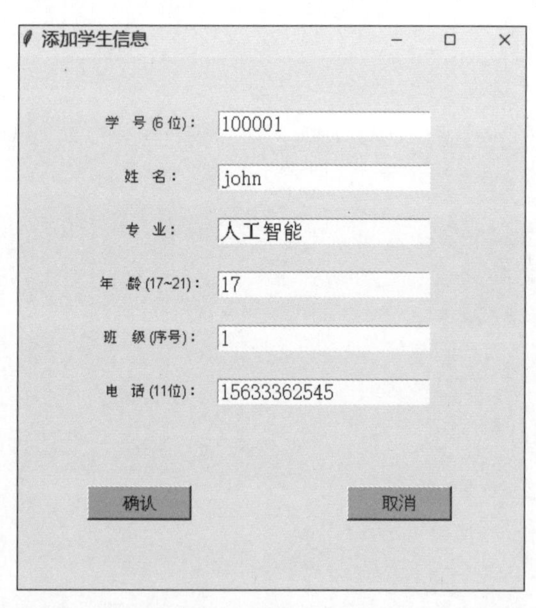

② 学生信息查询：单击“查询学生信息”按钮，查看学生的信息。参考图如下。

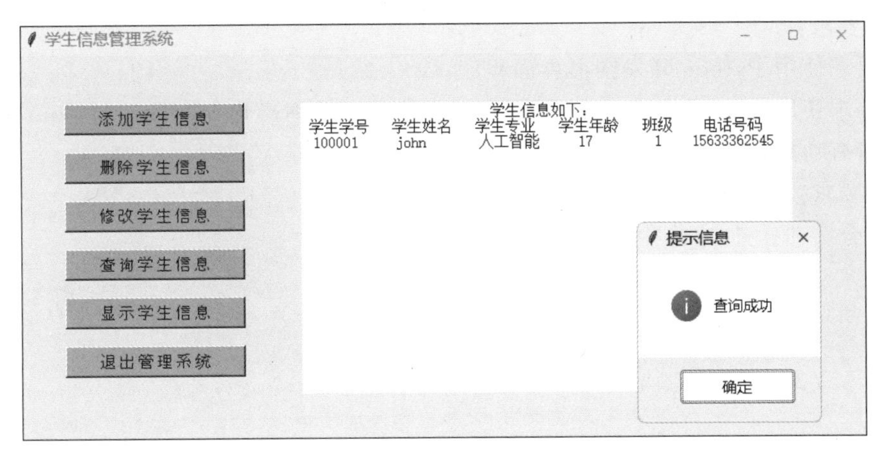

(2) 学生信息修改。

① 首先根据学生学号，查询基本信息，如下。

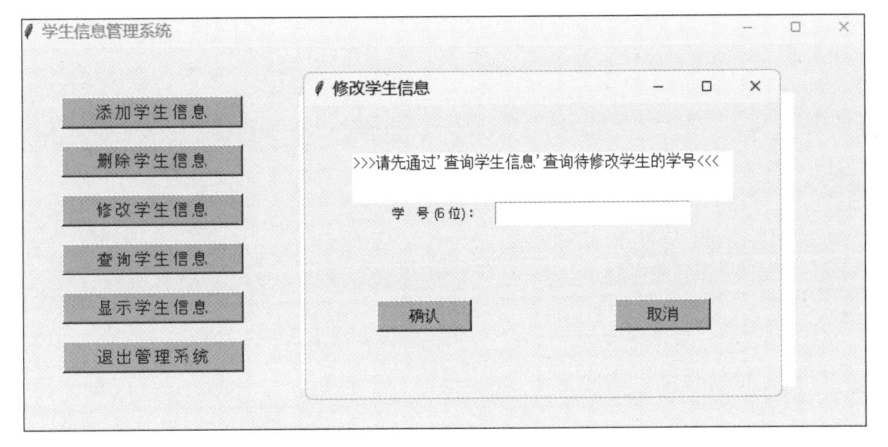

② 重新编辑需要修改的信息。

根据要修改的信息项，对学生信息进行重新编辑。参考图如下。

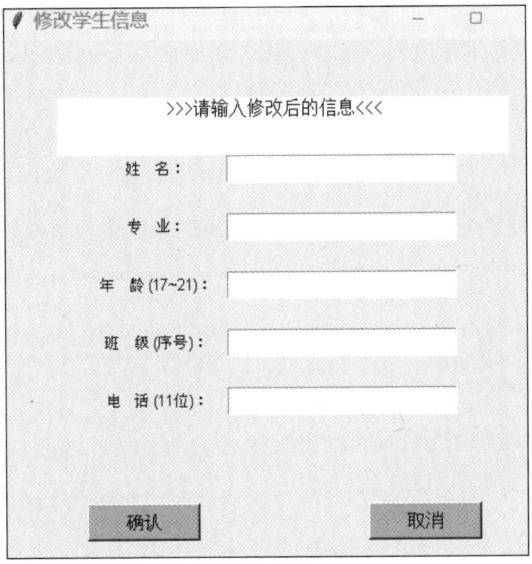

环境要求：

- 要求使用 Python 开发图形界面程序。
- 要求使用 Python 基本的数据类型、类和模块以及图形化界面设计包 tkinter 来实现所有功能。

项目要求：

该综合实训任务，将作为本篇最后的测验项目。

第6章 复杂数据类型

在 Python 编程中，复杂数据类型指的是 Python 中的列表(list)、元组(tuple)、集合(set)和字典(dict)。通过使用这些数据类型，可以更灵活地组织和管理数据，实现高效的算法和逻辑，本章将详细介绍每种复杂数据类型的特点、用法和常见操作。

6.1 列表

在 Python 中，列表可以被视为一种特定的容器，用于存储一组数据。可以把这个容器想象成一个有序的集合，其中每个数据被称为元素，每个元素都有一个对应的索引来表示它在列表中的位置。列表是 Python 中最常用的复杂数据类型之一，具有有序性和可变性的特征。列表的灵活性使得我们可以存储和操作多个相关的值，为数据的组织和处理提供便利。本节将详细介绍列表的创建、特点、访问、修改、操作和常用方法等内容。

6.1.1 定义列表

列表(list)由一系列按特定顺序排列的元素组成，能够容纳任意数量和类型的元素，包括整数、浮点数、字符串以及其他列表等。在 Python 中，列表可以通过方括号([])来定义，并用逗号隔开各个元素。下面是对列表进行的几种简单的定义。

```
list1 = [2, 4, 6, 8, 10]
list2 = ['apple', 'banana', 'orange']
list3 = [1, 'hello', [2, 3, 4], 'world']
```

其中，list1 表示定义了一个整数列表，list2 表示定义了一个字符串列表，list3 表示定义了一个嵌套列表。

从列表的定义中，可以引申出列表主要具有以下几种特点。

(1) 有序性：列表中的元素按照添加的顺序排列，每个元素都有一个对应的索引来表示其位置，从而可以非常便捷地根据索引访问和处理列表中的元素。

(2) 可变性：列表是可变的，这意味着可以随时修改、添加或删除列表中的元素，从而可以适应不同情况下的数据需求。

(3) 异质性：列表中可以存储不同类型的元素，例如整数、字符串、浮点数、其他列表等，使得列表能够存储各种类型的数据，方便在程序中处理不同类型的信息。

(4) 可迭代性：根据列表的有序性，可以使用循环来遍历列表中的各个元素，逐一处理其中的数据。

6.1.2 访问元素

列表是有序的集合，其中每个元素都有对应的位置值，称为索引，第一个索引是0，第二个索引是1，从左向右以此类推。当我们想访问列表某一位置上的元素时，可以使用下标([])并指定元素所在的索引位置，即列表名[元素索引]。

从列表 list1 中提取第一个整数2，代码如文件6.1所示。

【文件 6.1】 listvisit1.py

```
list1 = [2, 4, 6, 8, 10]
print(list1[0])
#输出：
2
```

其图解如图6-1所示。

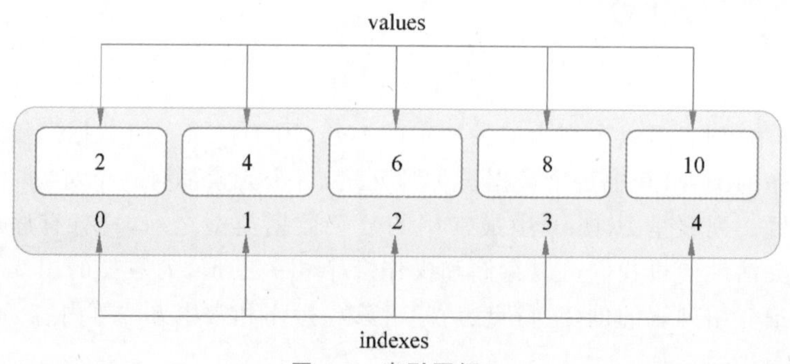

图6-1 索引图解1

除了上述从头部开始的正向索引外，索引也可以从尾部开始，最后一个元素的索引为 −1，往前一位为−2，从右向左以此类推。

下面的代码是从列表 list1 中提取最后一个整数10，代码如文件6.2所示。

【文件 6.2】 listvisit2.py

```
list1 = [2, 4, 6, 8, 10]
print(list1[-1])
#输出：
10
```

其图解如图6-2所示。

总结来看，索引有正向索引和反向索引两种方式。

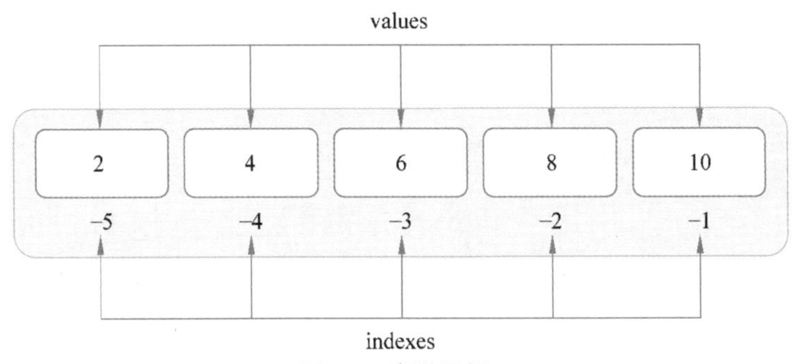

图 6-2　索引图解 2

(1) 正向索引：用正整数表示索引值，从左向右定位，从 0 开始计数，如 0,1,2。

(2) 反向索引：用负整数表示索引值，从右向左定位，从－1 开始计数，如－1，－2，－3。

若列表中的元素为字符串的形式，同样按照索引的方式来获取具体位置的字符串，图解如图 6-3 所示。

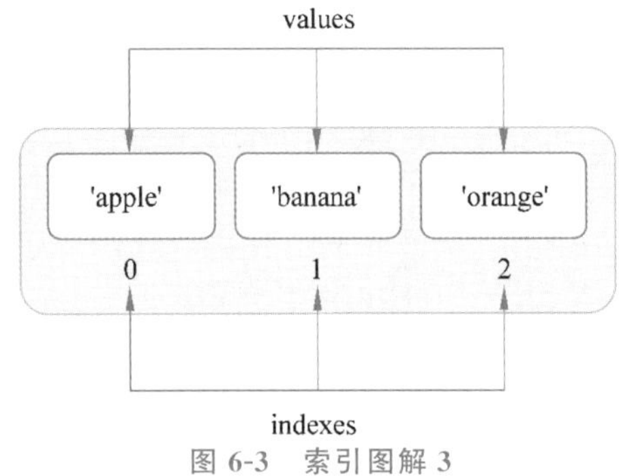

图 6-3　索引图解 3

如文件 6.3 所示的是从列表 list2 中提取第一个字符串 apple。

【文件 6.3】　**listvisit3.py**

```
list2 = ['apple', 'banana', 'orange']
print(list2[0])
#输出:
apple
```

需要注意的是，当请求获取列表中的元素时，Python 只返回该元素，而不返回方括号和引号。

6.1.3　切片

上面讲到通过使用索引的方式可以获取某一位置的列表元素，若想访问列表中指定某一段位置的连续元素，则可以使用切片的方式。即

```
list[start:end]
```

其中，start 是切片开始的索引位置，end 是切片结束的索引位置（不包含该位置的元素）。

如文件 6.4 所示的是从列表 list1 中截取整数[4,6],具体图解如图 6-4 所示。

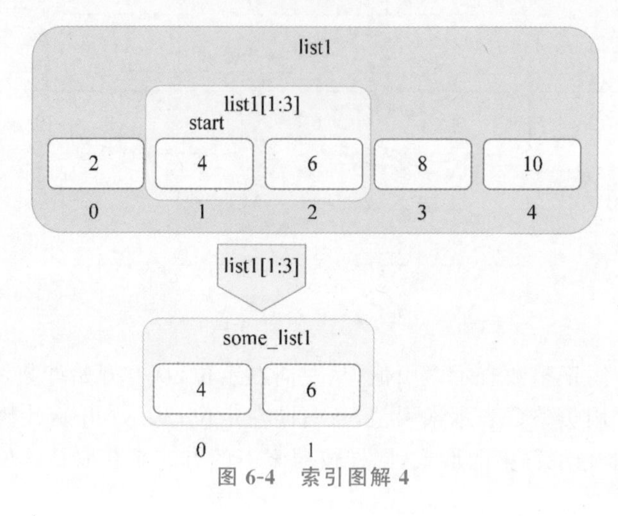

图 6-4　索引图解 4

【文件 6.4】　listvisit4.py

```
list1 = [2, 4, 6, 8, 10]
print(list1[1:3])

#输出:
[4, 6]
```

需要注意的是,切片操作返回的是一个新的列表,但并不会修改原始列表。同时,还可以使用负数索引和省略切片位置来实现更灵活的访问方式。

从列表 list1 中截取整数[4,6],也可写作:

```
list1 = [2, 4, 6, 8, 10]
print(list1[1:-2])    #从第一位开始(包含)截取到倒数第二位(不包含)

#输出:
[4, 6]
```

6.1.4　修改列表元素

在列表中若想修改某一个位置的元素,其语法与访问列表元素的语法类似。可以通过指定列表名和要修改元素的索引,再指定该元素的新值,来达到修改列表元素的目的。

要将 list2 中的元素'apple'进行修改可如下代码所示。

【文件 6.5】　listmodify.py

```
list2 = ['apple', 'banana', 'orange']
print(list2)

list2[0] = 'lemon'
print(list2)

#输出:
```

```
['apple', 'banana', 'orange']
['lemon', 'banana', 'orange']
```

从上面的输出结果看出，定义的列表 list2，其中的第一个元素'apple'被修改为'lemon'。指定的第一个元素的值被修改，但其他列表元素的值保持不变。在修改列表元素的时候，可以指定位置修改任何元素的值，不仅局限于第一个元素的值。

6.1.5 在列表中添加元素

若想在列表中添加新元素，可以选择在列表的末尾添加新元素，也可选择在列表中的任意位置添加新元素。

1. 使用 append()方法添加元素

在列表中添加元素时，最简单的方法是使用 append()方法将元素附加到列表的末尾，并继续使用当前列表。这里的元素既可以是单个元素，也可以是列表、元组等。

语法可写为

```
list.append(新增的列表元素)
```

在 list2 列表的末尾添加新元素'lemon'，代码如文件 6.6 所示。

【文件 6.6】 listappend.py

```
list2 = ['apple', 'banana', 'orange']
print(list2)
list2.append('lemon')
print(list2)

#输出：
['apple', 'banana', 'orange']
['apple', 'banana', 'orange', 'lemon']
```

从运行结果中可以看出，通过 append()方法将新元素'lemon'添加到 list2 列表的末尾，并不会影响列表中的其他元素。

若在其中追加元组 f，则代码可写为

```
list2 = ['apple', 'banana', 'orange']
print(list2)

f = ('lemon', 'cherry')
list2.append(f)
print(list2)

#输出：
['apple', 'banana', 'orange']
['apple', 'banana', 'orange', ('lemon', 'cherry')]
```

从上面的运行结果中可以看出，当使用 append()方法来加入元素或列表、元组时，将这些元素视为一个整体，并添加到原列表中去。

2. 使用 extend()方法添加元素

除 append()方法外,还可以使用 extend()方法在列表末尾添加元素。与 append()方法不同的是,extend()方法不再将添加的列表或元组视为一个整体,而是将其包含的元素依次添加到列表中。

语法可写为

```
list.extend(list2)
```

使用 extend()方法在 list1 中添加元组 f,代码如文件 6.7 所示。

【文件 6.7】 listextend.py

```
list1 = [2, 4, 6, 8, 10]
    print(list1)

f = ('lemon', 'cherry')
    list1.extend(f)
    print(list1)

#输出:
[2, 4, 6, 8, 10]
[2, 4, 6, 8, 10, 'lemon', 'cherry']
```

从上面 append()方法和 extend()方法的运行结果可以看出,append()方法和 extend()方法都是在列表的末尾增加新的元素。但不同之处在于,extend()方法不再将新加入的列表或元组视为一个整体,只是将其元素依次加入原列表中。

3. 使用 insert()方法插入元素

刚才提到的 append()方法和 extend()方法均是在列表的末尾增加新的元素,若想在列表的任意位置添加新元素,则可以使用 insert()方法。通过使用 insert()方法在指定的列表的索引位置的左边进行插入元素,从而在列表中新增元素。

语法可写为

```
list.insert(索引,新增的元素)
```

在列表 list1 的指定位置插入字符串 apple,示例代码如下。

【文件 6.8】 listinsert.py

```
list1 = [2, 4, 6, 8, 10]
    print(list1)

    list1.insert(1,'apple')
    print(list1)

    #输出:
    [2, 4, 6, 8, 10]
    [2, 'apple', 4, 6, 8, 10]
```

若在列表 list1 的指定位置插入元组 f,示例代码如下。

```
list1 = [2, 4, 6, 8, 10]
    print(list1)

f = ('lemon', 'cherry')
    list1.insert(2,f)
    print(list1)

    #输出:
    [2, 4, 6, 8, 10]
    [2, 4, ('lemon', 'cherry'), 6, 8, 10]
```

在这里,可以看到使用 insert() 方法可以在指定位置插入新的元素,这使得列表在数据的动态管理上非常方便。

需要注意的是,insert()方法与 extend()方法都是将插入的列表或元组,视为一个整体,作为一个元素插入列表中。这里 insert()方法将元组 f 作为一个整体插入列表中,而不是将元组的每个元素单独插入。所以,在 list1.insert(2, f)这一行代码执行后,元组 f 整体成为列表 list1 的一个元素,位于索引为 2 的位置。这也是为什么在输出 list1 时,('lemon', 'cherry')被显示为一个元素的原因。

6.1.6 在列表中删除元素

在列表中删除不需要的元素是一个常见的操作,Python 提供了多种方式来实现删除。本节将介绍在列表中删除元素的不同方法。

1. 使用 del 语句删除元素

del 语句是 Python 中的一个关键字,不仅可以删除整个列表,还可以用来删除列表中指定位置的元素。

当删除列表中的单个元素时,语法写为

```
del list[index]
```

其中 ,list 表示列表的名称,index 表示要删除的元素对应的索引。

删除 list3 中的某个列表元素,示例代码如下。

【文件 6.9】 listdel.py

```
list3 = ['Python', 'C', 'Java', 'PHP', 'MATLAB']
#使用正数索引
del list3[2]
print(list3)

#使用负数索引
del list3[-2]
print(list3)

#输出:
['Python', 'C', 'PHP', 'MATLAB']
['Python', 'C', 'MATLAB']
```

从上面的结果可以看出，在这里，使用正数索引和负数索引来删除元素是等效的，都可以成功删除指定位置的元素。而且 del 语句是直接在列表上进行原地删除操作，不会产生新的列表对象。

del 语句也可以删除中间一段连续的元素，语法写为

```
del list[start:end]
```

其中，start 表示起始索引，end 表示结束索引。del 会删除从索引 start 到 end 之间的元素，但不包括 end 位置的元素。

删除 list3 中一段连续的元素，示例代码如下。

```
list3 =['Python', 'C', 'Java', 'PHP', 'MATLAB']
del list3[1:4]
print(list3)

#输出：
['Python', 'MATLAB']
```

在这里，通过使用切片操作 del list3[1:4] 删除了索引为 1～3 的元素，不包括索引为 4 的元素。切片操作允许从列表中删除一段连续的元素，而不是单个元素。

2. 使用 remove()方法删除元素

remove()方法用于根据元素的值来删除列表中的元素。需要注意的是，remove()方法只会删除第一个匹配到的元素，且必须保证该元素存在于列表中，否则将引发 ValueError 错误。

语法写为

```
list.remove(element)
```

其中，list 表示列表的名称，element 是要删除的元素对应的索引。

使用 remove()方法删除列表 num 中的某个元素，示例代码如下。

【文件 6.10】 listremove.py

```
nums =[5, 28, 69, 2, 28, 99, 7]
#第一次删除 28
nums.remove(28)
print(nums)
#第二次删除 28
nums.remove(28)
print(nums)
#删除 70
nums.remove(70)
print(nums)

输出：
[5,69,2,28,99,7]
[5,69,2,99,7]
  File " /Users/chengrui/myProjects/demo.py", line 9, in <module>
```

```
        nums.remove(70)
ValueError: list.remove(x): x not in list
```

在这里可以看到，remove()方法只删除第一个匹配到的元素，如果列表中有多个相同的元素，只有第一个匹配的元素会被删除。当要删除的元素不存在于列表中时，调用remove()方法会引发 ValueError 异常。因此，在使用 remove()方法前，最好先进行判断，以避免出现异常情况。

3. 使用 pop()方法删除元素

pop()方法用于删除指定位置的元素，并返回被删除的元素。如果不指定位置，则默认删除列表的最后一个元素。

语法写为

```
list.pop(index)
```

其中，list 表示列表的名称，index 是要删除的元素对应的索引。如果不写 index 参数，则默认删除列表中的最后一个元素，类似于数据结构中的“出栈”操作。

删除列表 nums 中的某一元素，示例代码如下。

【文件 6.11】 listpop.py

```
nums = [5, 28, 69, 2, 28, 99, 7]
print(nums)

nums.pop(2)
print(nums)

#输出：
[5, 28, 69, 2, 28, 99, 7]
[5, 28, 2, 28, 99, 7]
```

需要注意的是，使用 pop() 方法时，要确保索引在列表的有效范围内，以避免出现 IndexError 异常。若不指定元素索引，默认情况下 pop()方法会删除列表的最后一个元素。这使得 pop()方法在栈(先进后出)操作中非常有用。

4. 使用 clear()方法删除元素

通过 clear() 方法可以清空整个列表，将列表变为一个空列表。

语法写为

```
list.clear()
```

将列表 nums 清空，示例代码如下。

【文件 6.12】 listclear.py

```
nums = [5, 28, 69, 2, 28, 99, 7]
print(nums)

nums.clear()
print(nums)
```

```
#输出:
[5, 28, 69, 2, 28, 99, 7]
[]
```

6.2 元组

由于列表的可变性,十分适合存储在程序运行期间可能变化的数据集。但当需要一系列不可变的元素时,元组(tuple)可满足这种要求。元组是 Python 中的一种复杂数据类型,类似于列表,但具有不可变性。元组是由一组有序的元素组成,每个元素可以是任意类型,包括数字、字符串、元组等。与列表不同,元组创建后不能修改其元素,因此被称为不可变序列。

6.2.1 定义元组

元组的定义与列表类似,是一种有序的数据集合,在圆括号(())中添加元素,元素之间用逗号隔开。元组中的元素可以是不同类型的数据,也可以是其他元组。代码示例如下。

```
tuple1 = (2, 4, 6, 8, 10)
tuple2 = ('apple', 'banana', 'orange')
tuple3 = (1, 'hello', [2, 3, 4], 'world')
```

从元组的定义中,可以引申出元组主要具有以下几个特点。

(1) 不可变性:元组一旦创建,其元素不可更改,即不能添加、删除或修改元素。

(2) 有序性:元组中的元素按照添加的顺序排列,每个元素都有一个对应的索引,可以通过索引访问元素。

(3) 异质性:元组中可以包含不同类型的元素,例如整数、字符串、浮点数、元组等。

值得注意的是,如果元组中只有一个元素,需要在元素的后面加上一个逗号。

代码示例如下。

【文件 6.13】 **tuple1.py**

```
tuple4 = (2)
print(tuple4)

tuple5 = (2,)
print(tuple5)

#输出:
2
(2,)
```

从上面的结果可以看出,如果元组只有一个元素,且没有添加逗号,解释器会将其当作该元素的数据类型(如整数、字符串等)。为了避免这种混淆,应始终在元组的单个元素后面加上逗号,以确保元组被正确定义。

6.2.2 访问元素

元组可以与列表一样通过索引号进行访问，索引从0开始。也可以使用负数索引，表示从后往前访问元素。

代码示例如下。

【文件 6.14】 tuplevisit1.py

```
tuple =(24, 17, 80, 'hello', 9.1)

print(tuple[0])
print(tuple[3])
print(tuple[-1])

输出：
24
'hello'
9.1
```

6.2.3 切片

当想要访问元组内某个范围的元素时，与列表一样可以使用切片的操作。

语法为

```
tuple[start:end]
```

其中，start是切片开始的索引位置，end是切片结束的索引位置(不包含该位置的元素)。

想要获取元组中第2～4个元素，示例代码如下。

【文件 6.15】 tuplevisit2.py

```
tuple =(24, 17, 80, 'hello', 9.1)
print(tuple[1:4])
print(tuple[-4:-1])

#输出：
(17,80, 'hello')
(17,80, 'hello')
```

从上述结果可以看出，无论是使用正数索引还是负数索引，都可以从元组的任意位置截取一部分元素。需要注意的是，切片操作时，开始索引是包含的，而结束索引是不包含的。

6.2.4 修改元组中的元素

在Python中，元组是不可变的数据类型，一旦创建后，其元素不能被修改、添加或删除。因此，无法直接修改元组中的元素。

尝试修改元组tuple1中的第一个元素会引发TypeError异常，代码如文件6.16所示。

【文件 6.16】 tuplemodify.py

```
tuple1 =(2, 4, 6, 8, 10)
```

```
tuple1[0] =1

#输出:
TypeError: 'tuple' object does not support item assignment
```

从运行结果可以看出,若尝试通过索引对元组中的元素进行修改,则 Python 解释器会抛出 TypeError 异常,提示元组不支持元素赋值操作。

如果需要对元组中的元素进行修改,可以通过创建一个新的元组来实现。示例代码如下。

```
tuple1 =(2, 4, 6, 8, 10)
#创建新的元组,将第一个元素修改为 1
new_tuple1 =((1,tuple1[1],tuple1[2],tuple1[3],tuple1[4]))
print(tuple1)
print(new_tuple1)

#输出:
(2, 4, 6, 8, 10)
(1, 4, 6, 8, 10)
```

在上述结果中可以看出,通过创建一个新元组的方式实现对原元组 tuple1 内元素的修改,第一个元素从整数 2 修改为整数 1。

另一种方法,则是先将元组转换成列表,修改列表中的元素,然后再将列表转换回元组。示例代码如下。

```
tuple1 =(2, 4, 6, 8, 10)
#将元组转换为列表
list1 =list(tuple1)
#修改列表中的元素
list1[0] =1
#将列表转换回元组
tuple1 =tuple(list1)
print(tuple1)

#输出:
(1, 4, 6, 8, 10)
```

通过将元组转换为列表,修改列表中的元素,然后再将列表转换回元组,可以间接实现元组元素的修改。若需要频繁地修改元素,建议使用列表(list)代替元组,元组更适用于一些不需要修改的数据集合,如函数返回多个值时使用元组来返回。

6.3 集合

集合(set)是 Python 中的一种复杂数据类型,它是由一组唯一且无序的元素组成。集合中的元素不能重复,且没有固定的顺序,因此不能通过索引来访问。集合可以包含任意类型的数据,例如,数字、字符串、元组等。本节将介绍集合的定义、特点、创建,添加、删除元素等操作。

6.3.1 定义集合

集合是一种无序、不重复元素的集合，使用花括号{}来定义，其中的元素用逗号隔开。

从集合的定义中，可以引申出集合主要具有以下几种特点。

(1) 无序性：集合中的元素没有固定的顺序，因此不能通过索引来访问元素。

(2) 唯一性：集合中的元素不能重复，每个元素只能出现一次。

(3) 可变性：集合是可变的数据类型，可以添加、删除元素。

(4) 异质性：集合中可以包含不同类型的元素，例如，整数、字符串、元组等。

在集合的创建过程中，既可以使用花括号{}来创建一个集合，也可以使用内置的 set() 方法来创建集合，并在括号内添加元素。

示例代码如下。

【文件 6.17】 set1.py

```
#1.直接使用花括号{}创建集合
collection = {1, 2, 3, 4, 5}
print(collection)

#2. 使用 set()函数创建集合
lists = [1, 2, 3, 4, 5, 6]
collection = set(lists)
print(collection)

#输出：
{1, 2, 3, 4, 5, 6}
{1, 2, 3, 4, 5, 6}
```

通过这两种方式，分别创建了两个包含不同元素的集合，一种是直接用花括号{}创建集合，另一种是使用 set()函数创建集合。这两种方法在创建集合时都非常简便和实用。需要注意的是，使用花括号{}创建的集合不能包含重复元素，而使用 set()函数创建的集合会自动去除重复元素。因此，如果需要对数据进行去重，可以使用 set()函数来创建集合。

6.3.2 在集合中添加元素

若想在集合中添加新元素，可以选择添加单个元素，也可选择一次性添加多个元素。本节介绍在集合中添加元素的两种方法。

1. 调用 add()方法添加元素

通过调用 add()方法，可以向集合中添加单个元素。

向集合 set1 中添加单个整数 4，示例代码如下。

【文件 6.18】 setadd.py

```
set1 = {1, 2, 3}
set1.add(4)
print(set1)
```

```
#输出：
{1,2,3,4}
```

2. 调用 update()方法添加元素

若需要向集合中添加多个元素,则可调用 update()方法。该方法接收一个可迭代的对象作为参数,并将其元素添加到集合中。

向集合 set1 中添加多个元素,示例代码如下。

【文件 6.19】 **setupdate.py**

```
set1 ={1, 7, 9}
list1 =[4, 5, 6]
    set1.update(list1)
    print(set1)

#输出：
{1, 4, 5, 6, 7, 9}
```

在这里,可以看到集合 set1 最终包含来自列表 list1 的元素。由于集合的特点是不允许重复元素,并且无序,元素在集合中的顺序可能与列表中的顺序不完全一致。

6.3.3 在集合中删除元素

在元组中删除不需要的元素是一个常见的操作,Python 提供了多种方式来实现删除。本节将介绍在元组中删除元素的不同方法。

1. 调用 remove()方法删除元素

调用 remove()方法,可以一次删除一个指定元素。如果指定的元素不存在,则抛出 Key Error。

语法为

```
set1 ={element1, element2, …, elementN}
set1.remove(element)
```

在集合 set1 中删除指定的元素 banana,在集合 set2 中删除指定元素 orange。示例代码如下。

【文件 6.20】 **setremove.py**

```
#创建集合 set1
set1 ={'apple', 'banana', 'orange'}
#删除集合 set1 中的元素 banana
    set1.remove('banana')

print(set1)

#创建集合 set2
set2 ={'apple', 'banana', 'lemon'}
```

```
#删除集合 set2 中的元素 orange
set2.remove('orange')

print(set2)
#输出:
{'apple', 'orange'}
KeyError: 'orange'
```

从上述结果可以看出,由于元素'orange'不存在于集合 set2 中,所以控制台抛出 Key Error 异常。

2. 调用 discard()方法删除元素

若想避免 KeyError 异常,可以调用 discard()方法,一次删除一个指定元素。它与 remove() 方法类似,但是当元素不存在于集合时,不会引发异常。

语法为

```
set1 = {element1, element2, …, elementN}
set1.discard(element)
```

在集合 set1 中删除指定的元素 apple,在集合 set2 中删除指定元素 orange。示例代码如下。

【文件 6.21】 setdiscard.py

```
#创建集合 set1
set1 = {'apple', 'banana', 'orange'}
#删除集合 set1 中的元素 apple
set1. discard('apple')
print(set1)

#创建集合 set2
set2 = {'apple', 'banana', 'lemon'}
#删除 set2 中不存在的元素 orange
set2. discard('orange')
print(set2)

#输出:
{'banana', 'orange'}
{'apple', 'banana', 'lemon'}
```

根据运行结果,可以看到集合 set1 中的元素'apple'已经被成功地删除,因此 set1 中只剩下了'banana'和'orange'两个元素。而在集合 set2 中,元素'orange'并不存在,所以删除操作不会引发异常,set2 的内容保持不变,依然包含'apple'、'banana'和'lemon'这三个元素。

通过使用 discard()方法,若元素存在于集合中,则被删除;若元素不存在于集合中,则不会进行任何操作。这种方法可以避免因删除不存在的元素而引发程序异常,提高代码的稳定性和可靠性。

3. 调用 pop()方法删除任意元素

通过调用 pop()方法,每次随机删除一个元素,并返回删除的元素。需要注意的是,由于集合是无序的,因此无法预测 pop()方法删除的元素是哪一个。如果集合为空,调用 pop()方法将引发 KeyError 异常。

调用 pop()方法删除集合 set 中的某一个元素,示例代码如下。

【文件 6.22】 **setpop.py**

```
#创建一个集合
set ={2, 6, 98, 77, 15}

#调用 pop()方法删除元素
deleted_element =set.pop()

print("删除的元素是:", deleted_element)
print("修改后的集合:", set)

输出:
删除的元素是: 2
修改后的集合: {6, 98, 77, 15}
```

需要注意的是,每次调用 pop() 方法时,集合中的一个元素会被删除,并且集合的顺序可能与之前不同。

4. 调用 clear()方法清空集合

在 Python 中,可以使用 clear() 方法来清空集合中的所有元素。该方法会将集合中的所有元素移除,使集合变为空集合。

语法为

```
set1 ={element1, element2, …, elementN}
set1.clear()
```

使用 clear()方法清空集合 set1 中的所有元素,示例代码如下。

【文件 6.23】 **setclear.py**

```
#创建一个集合
set1 ={2,4,6,8,10}

#输出原始集合
print("原始集合:", set1)

#调用 clear()方法清空集合
set1.clear()

#输出清空后的集合
print("清空后的集合:", set1)

#输出:
原始集合: {1, 2, 3, 4, 5}
清空后的集合: set()
```

需要注意的是,调用 clear() 方法并不会删除集合本身,只是将集合中的元素全部移除。

5. 使用 del 语句彻底删除集合

上面提到了使用 clear()方法将集合内的元素清空,若想删除集合本身,则可使用 del 语句进行操作。

语法为

```
set1 ={element1, element2, …, elementN}
del set1
```

使用 del 语句删除整个集合 set1,示例代码如下。

【文件 6.24】 **setdel.py**

```
#创建一个集合
set1 ={2,4,6,8,10}

#输出原始集合
print("原始集合:", set1)

#使用 del 删除集合
del set1

#输出删除后的集合
print("删除后的集合:", set1)

#输出:
原始集合:{2, 4, 6, 8, 10}
NameError: name 'set1' is not defined
```

从上述运行结果可以看出,当使用 del 语句删除集合 set1 后,若再尝试访问或操作它,则会引发异常。

6.4 字典

在 Python 中,字典(dict)是一种无序、可变的数据类型,用于存储键-值(key-value)对。字典提供了一种映射关系,可以通过键来快速访问对应的值,这种数据结构在实际编程中非常常用。

6.4.1 定义字典

字典可以使用花括号({})来定义,键和值用冒号(:)隔开,项与项之间使用逗号分隔。字典的键必须是唯一的且不可变的(通常使用字符串、整数或元组作为键),而值可以是任意类型的 Python 对象。

字典的基本语法写为

```
d ={key1: value1, key2: value2, key3: value3, …}
```

代码示例如下。

【文件 6.25】 **dict1.py**

```
dict1 ={'apple': 2, 'banana': 4, 'orange': 6}
dict2 ={1: 'hello', 2: 'world'}
dict3 ={'name': 'Tom', 'age': 20, 'gender': 'male'}

print(dict1)
print(dict2)
print(dict3)
```

字典值可以是任何的 Python 对象,既可以是标准的对象,也可以是用户定义的,但键不行。所以,字典有以下两个重要的特性。

(1) 不允许同一个键出现两次。创建时若同一个键被赋值两次,只有后一个值会被记住。

(2) 键必须不可变,可以用数字、字符串或元组充当,但不可以用列表来充当。

6.4.2 访问字典中的值

若想访问字典中与键相关的值,可指定字典名并在方括号中写入键。若用字典中不存在的键来访问数据,则会引发 KeyError 异常。

语法为

```
value =dict_name[key]
```

其中,dict_name 表示要访问的字典名称,key 表示字典中的键,value 表示字典中所查找的键对应的值。

返回字典 dict1 中与键'apple'相关联的值。示例代码如下。

【文件 6.26】 **dictvisit.py**

```
#定义一个字典
dict1 ={'apple': 2, 'banana': 4, 'orange': 6}
print(dict1['apple'])

#输出:
2
```

若用字典中没有的键来访问数据,则会引发 KeyError 异常。代码示例如下。

```
#定义一个字典
dict1 ={'apple': 2, 'banana': 4, 'orange': 6}
print(dict1['lemon'])

#输出:
Traceback (most recent call last):
  File "demo.py", line 2, in <module>
    print(dict1['apple'])
KeyError:'apple'
```

在这个例子中，尝试访问键'lemon'在字典 dict1 中的值。但字典 dict1 中并没有键'lemon'，因此会引发 KeyError 异常。

6.4.3 添加键-值对

字典是一种动态结构，可以随时在其中添加新的键-值对。具体来讲，可以通过指定字典名和用方括号括起的新键，以及相关联的值来添加新的键-值对。

语法为

```
dict_name[new key]=new value
```

其中，dict_name 表示字典名称，new key 表示新添加到字典中的键，new value 表示键对应的值。

在字典 dict1 中添加新的键-值对，示例代码如下。

【文件 6.27】 **dictadd.py**

```
#定义一个字典
dict1 ={'apple': 2, 'banana': 4, 'orange': 6}
#添加键-值对
dict1['pear'] =8
print(dict1)

#输出:
{'apple': 2, 'banana': 4, 'orange': 6, 'pear': 8}
```

通过上述代码，成功地将键 'pear' 和值 8 添加到字典 dict1 中。在字典中添加键-值对的过程非常简单，只需指定新的键并与相应的值关联即可，这为我们在实际编程中提供了很大的便利性。

6.4.4 修改字典中的值

修改字典中的值是一种常见的操作，可以通过键来更改对应的值。由于字典的键必须是唯一的，因此可以根据需要直接通过键来定位并更新值。

语法为

```
dict_name [key] =new_value
```

其中，dict_name 是要修改的字典名称，key 是要修改的键，new_value 则是要替换的新值。

修改字典 dict1 中某个键对应的值。示例代码如下。

【文件 6.28】 **dictmodify.py**

```
#定义一个字典
dict1 ={'apple': 2, 'banana': 4, 'orange': 6}

#输出原始字典内容
print("原始字典内容:", dict1)
```

```
#修改键 'apple' 对应的值为 5
dict1['apple'] =5

#输出修改后的字典内容
print("修改后的字典内容:", dict1)

#输出:
原始字典内容:{'apple': 2, 'banana': 4, 'orange': 6}
修改后的字典内容:{'apple': 5, 'banana': 4, 'orange': 6}
```

通过上述代码,成功将字典 dict1 中键'apple'对应的值从 2 修改为 5 实现了对字典中特定键对应值的修改。

6.4.5 删除键-值对

删除字典中的键-值对是一种常见的操作,可以根据键来定位并删除特定的键-值对。Python 提供了几种方法来删除字典中的键-值对,本节主要介绍使用 del 语句、pop() 方法和 popitem() 方法来删除字典中的键-值对。

1. 使用 del 语句删除键-值对

del 语句用于从内存中删除一个变量或对象,也可以用来删除字典中的键-值对。通过使用 del 语句可以简单直接地删除字典中的键-值对。

删除字典中的键-值对的语法为

```
deldict_name [key]
```

其中,dict_name 是要操作的字典名称,key 是要删除的键。

使用 del 语句删除字典 dict1 中的键-值对。示例代码如下。

【文件 6.29】 **dictdel.py**

```
#定义一个字典
dict1 ={'apple': 2, 'banana': 4, 'orange': 6}

#输出原始字典内容
print("原始字典内容:", dict1)

#使用 del 关键字删除键-值对 'banana': 4
del dict1 ['banana']

#输出删除后的字典内容
print("删除后的字典内容:", dict1)

#输出:
原始字典内容:{'apple': 2, 'banana': 4, 'orange': 6}
删除后的字典内容:{'apple': 2, 'orange': 6}
```

在上述代码中,首先定义了一个名为 dict1 的字典,包含三个键-值对。之后,使用 del 语句删除了键'banana'对应的值 4,从而实现了删除字典中的键-值对'banana':4。

需要注意的是，使用 del 语句删除字典中的键-值对需保证指定的键存在于字典中。如果指定的键不在字典中，使用 del 关键字会引发 KeyError 异常。

2. 使用 pop()方法删除键-值对

当使用 pop()方法删除键-值对时，可以根据给定的键来删除相应的键-值对，并返回被删除键对应的值。

使用 pop()方法删除字典中键-值对的语法如下。

```
value =dict_name.pop(key)
```

其中，dict_name 是要操作的字典名称，key 是要删除的键，value 是被删除键对应的值。

使用 pop()方法删除字典 dict1 中的键-对值，示例代码如下。

【文件 6.30】 **dictpop.py**

```
#定义一个字典
dict1 ={'apple': 2, 'banana': 4, 'orange': 6}

#输出原始字典内容
print("原始字典内容:", dict1)

#使用 pop() 方法删除键-值对 'apple': 2,并返回被删除的值
value =dict1.pop('apple')

#输出被删除的值和删除后的字典内容
print("被删除的值:", value)
print("删除后的字典内容:", dict1)

#输出:
原始字典内容: {'apple': 2, 'banana': 4, 'orange': 6}
被删除的值: 2
删除后的字典内容: {'banana': 4, 'orange': 6}
```

在上述代码中，首先定义了一个名为 dict1 的字典，包含三个键-值对。之后，使用 pop()方法删除了键 'apple' 对应的值 2，同时返回了被删除的值 2。通过这种方式，实现了删除字典中键-值对 'apple': 2' 的操作。

需要注意的是，如果指定的键在字典中不存在，使用 pop() 方法会引发 KeyError 异常。此外，与使用 del 语句不同，pop()方法可以返回被删除的值，因此在某些情况下，可以利用这个返回值做进一步处理。

3. 使用 popitem()方法删除键-值对

使用 popitem()方法是一种删除字典中键-值对的方法，它会随机地删除字典中的一个键-值对，并返回被删除的键和值作为元组。

语法为

```
key, value =dict_name.popitem()
```

其中，dict_name 是操作的字典名称，key 和 value 分别是被删除键-值对中的键和值。

使用 popitem()方法删除字典 dict1 中的键-值对。示例代码如下。

【文件 6.31】 dictpopitem.py

```
#定义一个字典
dict1 ={'apple': 2, 'banana': 4, 'orange': 6}

#输出原始字典内容
print("原始字典内容:", dict1)

#使用 popitem() 方法删除随机的键-值对,并返回被删除的键和值
key, value =dict1.popitem()

#输出被删除的键和值以及删除后的字典内容
print("被删除的键和值:", key, value)
print("删除后的字典内容:", dict1)

#输出:
原始字典内容: {'apple': 2, 'banana': 4, 'orange': 6}
被删除的键和值: orange 6
删除后的字典内容: {'apple': 2, 'banana': 4}
```

在上述代码中,首先定义了一个名为 dict1 的字典,包含三个键-值对。然后,使用 popitem()方法随机删除了字典中的一个键-值对。popitem() 方法返回了被删除的键 'orange' 和对应的值 6,同时更新了字典 my_dict 并删除了键'orange' 对应的键-值对。

需要注意的是,由于字典是无序的,所以使用 popitem()方法删除的键-值对是随机的。如果字典为空,调用 popitem()方法会引发 KeyError 异常。

实训 6 学生信息管理系统(终端界面版)

需求说明

学生成绩管理系统要求能够实现添加学生信息、查看学生信息、修改学生成绩和删除学生信息的功能。每个学生信息包括姓名、年龄和成绩。

训练要点

(1) 列表和字典的基本用法。

(2) 循环和条件语句的运用。

(3) 用户输入的处理。

实现思路

(1) 定义一个空列表 students,用来存储学生的信息,每个学生信息是一个字典。

(2) 使用 while 循环,让用户可以连续进行操作,直到选择退出程序。

(3) 根据用户输入的选择,执行相应的操作。

解决方案及关键代码

```
students =[]

while True:
```

```
    print("\n=====学生成绩管理系统 =====")
    print("1.添加学生信息")
    print("2.查看学生信息")
    print("3.修改学生成绩")
    print("4.删除学生信息")
    print("5.退出程序")
    choice =input("请输入要执行的操作序号：")

    if choice =='1':
        name =input("请输入学生姓名：")
        age =int(input("请输入学生年龄："))
        score =float(input("请输入学生成绩："))
        student ={'姓名': name, '年龄': age, '成绩': score}
        students.append(student)
        print("学生信息添加成功!")
    elif choice =='2':
        print("学生信息如下：")
        for student in students:
            print(f"姓名：{student['姓名']}, 年龄：{student['年龄']}, 成绩：
                {student['成绩']}")
    elif choice =='3':
        name =input("请输入要修改信息的学生姓名：")
        for student in students:
            if student['姓名'] ==name:
                print(f"当前学生信息:姓名：{student['姓名']}, 年龄：{student['年
龄']}, 成绩：{student['成绩']}")
                new_score =float(input("请输入修改后的成绩："))
                student['成绩'] =new_score
                print("学生成绩修改成功!")
                break
        else:
            print("未找到该学生的信息!")
    elif choice =='4':
        name =input("请输入要删除信息的学生姓名：")
        for student in students:
            if student['姓名'] ==name:
                students.remove(student)
                print("学生信息删除成功!")
                break
        else:
            print("未找到该学生的信息!")
    elif choice =='5':
        print("感谢使用学生成绩管理系统,再见!")
        break
    else:
        print("无效的操作序号,请重新输入!")
```

小结

本章主要介绍了Python中的4种重要的数据类型：列表(list)、元组(tuple)、集合(set)和字典(dict)。其中，列表(list)是一种有序和可更改的集合，允许重复的成员。元组(tuple)是一种有序且不可更改的集合，同样允许重复的成员。集合(set)是一个无序和无索引的集合，其中没有重复的成员。而字典(dict)是一个无序、可变且有索引的集合，也没有重复的成员。通过本章的学习，我们了解了每种数据类型的特点、用法以及常见操作方法。这些复杂数据类型在Python编程中扮演着重要的角色，为数据处理和问题解决提供了丰富的工具和灵活性。

课后练习

1. 在Python中，以下(　　)数据类型是有序、可变的序列，可以容纳任意数量的Python对象。

A. 列表(list)　　B. 元组(tuple)　　C. 集合(set)　　D. 字典(dict)

2. 假设有一个列表 my_list = [10, 20, 30, 40, 50]，下面的切片操作的结果是(　　)。

```
result =my_list[1:4]
```

A. [10, 20, 30]　　B. [20, 30, 40]

C. [20, 30, 40, 50]　　D. [10, 30, 50]

3. 在Python中，(　　)可以在列表末尾添加一个元素。

A. add()　　B. insert()　　C. append()　　D. extend()

4. 在Python中，(　　)可以从集合中删除指定的元素，若元素不存在也不报错。

A. remove()　　B. pop()　　C. discard()　　D. delete()

5. 在Python中，(　　)可以判断一个键是否存在于字典中。

A. check_key()　　B. has_key()　　C. contains()　　D. in

第7章 文件读写与异常

在 Python 编程中，文件读写是常见的操作之一。文件读写允许我们在程序中读取外部文件的内容，或将程序中生成的数据保存到文件中。同时，异常处理是一种重要的编程技巧，它可以帮助我们在程序运行过程中处理可能出现的错误，使程序更加健壮和稳定。本章将介绍文件读写和异常处理的基本概念、常用操作和方法。

7.1 文件读写

7.1.1 打开文件

打开文件是文件读写操作的第一步，通过与外部文件建立联系并获取文件对象，从而对文件进行读取或写入操作。

在 Python 中可以通过调用 open 函数打开一个文件，其语法如下。

```
file =open(filename, mode)
```

其中，filename 是要打开的文件名，可以是文件的相对路径或绝对路径；mode 是打开文件的模式。

完整的语法格式为

```
open(file, mode='r', buffering=-1, encoding=None, errors=None, newline=None,
     closer=None, opener=None)
```

其中，file 是文件路径（相对路径或绝对路径）；mode 是文件打开模式，默认是'r'；buffering 是缓冲策略，表示在读写文件时的缓存方式；encoding 是文件编码方式；errors 是编码时的 errors 处理方式；newline 是用于区分不同操作系统的行尾符，默认为\n；closer 是文件关闭时的回调函数；opener 是文件打开时的回调函数。

open 函数中的 mode 使用不同的参数，会对文件进行不同的操作，其主要参数如表 7-1 所示。

表 7-1

字　　符	含　　义
'r'	读取(默认)
'w'	覆盖写入，如果文件中已有内容，则覆盖
'x'	排他性创建，如果文件已存在则失败
'a'	追加写入，如果文件已有内容，则在末尾追加
'b'	二进制模式
't'	文本模式(默认)
'+'	更新磁盘文件(读取并写入)

其余参数的详细说明可参考官方文档。

以下是使用不同 mode 参数打开文件的代码示例。

```
#打开一个文本文件,只读模式
file =open('example.txt', 'r')

#打开一个文本文件,写入模式
file =open('example.txt', 'w')

#打开一个二进制文件,只读模式
file =open('example.jpg', 'rb')

#打开一个文本文件,追加模式
file =open('example.txt', 'a')
```

7.1.2　读取文件内容

当根据上述方式打开文件后，则对文件对象进行读写操作。读取文件内容时，可以使用 read()方法来读取全部内容，或使用 readline()方法来逐行读取文件内容。写入文件内容时，可以使用 write()方法来写入指定内容。

1. 使用 read()方法读取整个文件内容

read()方法会将整个文件内容作为一个字符串返回。为了更安全地操作文件，可以使用 with 语句来打开文件。with 语句会自动管理文件的打开和关闭，无论程序是否出现异常，都会确保文件被正确关闭。

使用 read()方法读取文件 example.txt 的全部内容。示例代码如下。

【文件 7.1】　read1.py

```
file =open('example.txt', 'r')
content =file.read()
print(content)
```

```
file.close()
```

在上述代码中,使用 open()函数打开文件 example.txt,并指定打开文件的模式为'r'(只读模式)。之后,使用 read()方法读取整个文件内容,并将内容赋值给变量 content。最后,使用 print()函数输出文件内容。

需要注意的是,使用 read()方法时,如果文件较大,一次性读取可能会导致内存占用过大,因此最好在处理大文件时采用逐行读取的方式。另外,这里手动使用 open()函数打开文件,最后也需要手动调用 file.close()来关闭文件。

2. 使用 readline()方法逐行读取文件内容

当需要读取大文件时,可以使用 readline()方法逐行读取文件内容,每次读取一行,并将该行内容作为一个字符串返回。

使用 readline()方法读取文件 example.txt 的全部内容。示例代码如下。

【文件 7.2】 **readline1.py**

```
file =open('example.txt', 'r')
line =file.readline()
while line:
    print(line.strip())
    line =file.readline()
file.close()
```

在上述代码中,使用 open()函数打开文件,并指定打开文件的模式为'r'(只读模式)。之后,使用 readline()方法读取文件的一行内容,并将内容赋值给变量 line。通过 while 循环,不断读取下一行的内容直到 readline()返回空字符串,表示文件已经全部读取完毕。在循环中,使用 print()函数输出每行的内容,并使用 strip()方法去除每行内容末尾的换行符。最后,手动调用 file.close()来关闭文件,释放资源。

3. 使用 readlines()方法将文件内容读取为列表

readlines()方法将文件内容读取为一个包含多行字符串的列表,每个元素对应文件的一行内容。通过遍历列表,可以逐行处理文件内容。

使用 readlines()方法读取文件 example.txt 的全部内容。示例代码如下。

【文件 7.3】 **readlines1.py**

```
file =open('example.txt', 'r')
lines =file.readlines()
for line in lines:
    print(line.strip())
file.close()
```

在上述代码中,通过使用 open()函数以只读形式打开文件,之后,使用 readlines()方法读取文件的所有行,并将内容赋值给变量 lines,lines 是一个包含每行内容的列表。使用 for 循环遍历 lines 列表,将每行内容输出到屏幕上,并使用 strip()方法去除每行内容末尾的换行符,保持输出的格式整洁。最后,手动调用 file.close()来关闭文件,释放资源。

7.1.3 with语句

with语句是Python中用于上下文管理的一种语法结构。在with语句的代码块中，可以对资源进行操作，当代码块执行结束时，无论是正常结束还是发生异常，都会调用上下文管理器对象的__exit__()方法，从而确保资源得到正确地释放或关闭。

打开文件时使用with语句文件会在代码块执行完毕后自动关闭，不需要手动调用file.close()。这样可以确保在使用完资源后，资源被正确释放或关闭，避免资源泄漏。

在with语句的作用下，使用read()方法读取整个文件内容，示例代码如下。

【文件7.4】 **read2.py**

```
with open('example.txt', 'r') as file:
    content = file.read()
    print(content)
```

上述代码中，打开名为example.txt的文件，读取了文件的全部内容，并将内容打印输出到屏幕上。使用with语句确保了文件在使用完毕后被正确关闭，无须手动调用file.close()。如果文件不存在或打开时发生错误，with语句会自动处理异常并关闭文件，避免资源泄漏。

若想使用readline()方法逐行读取文件内容，示例代码如下。

【文件7.5】 **readline2.py**

```
with open('example.txt', 'r') as file:
    line = file.readline()
    while line:
        print(line.strip())
        line = file.readline()
```

上述代码中，文件example.txt中的每一行都会被读取并输出到屏幕上。while循环不断地读取每一行，直到读取到文件的最后一行。在输出每一行之前，使用strip()方法去除每行末尾的换行符，以保持输出的内容整洁。最后，with语句会自动关闭文件，无须手动调用file.close()。

若想使用readlines()方法将文件内容读取为列表，示例代码如下。

【文件7.6】 **readlines2.py**

```
with open('example.txt', 'r') as file:
    lines = file.readlines()
    for line in lines:
        print(line.strip())
```

上述代码中，使用with语句以只读模式打开example.txt的文件，之后，使用readlines()方法读取文件的所有行，并将内容赋值给变量lines。然后，使用for循环遍历lines列表，逐行输出每行内容。在输出前使用strip()方法去除每行末尾的换行符，使输出的内容更整洁。最后，with语句会自动关闭文件。

7.1.4 写入文件内容

写入文件内容是文件操作中的重要部分，它允许我们将数据保存到文件中，读取或共享给其他程序。Python 中，可以使用 write()和 writelines()方法来向文件中写入内容。下面将详细介绍两种写入文件内容的方法。

1. 使用 write()方法写入文件内容

write()方法用于将指定的字符串写入文件，并将文件指针移动到字符串的末尾。

使用 write()方法向 example.txt 文件写入内容，示例代码如下。

【文件 7.7】 write1.py

```
#写入内容到文件
content ="Hello, this is some content to write to the file."
with open('example.txt', 'w') as file:
    file.write(content)

#读取文件内容并输出
with open('example.txt', 'r') as file:
    file_content =file.read()
    print(file_content)
```

在上述代码中，将指定的内容写入 example.txt 文件中。如果文件不存在，将会创建该文件并写入内容；如果文件已存在，将会覆盖原有内容。

需要注意的是，使用 write()方法时要确保传入的参数是字符串类型。若要写入其他类型的数据(如整数、浮点数等)，需要先将其转换为字符串再使用 write()方法。例如，可以使用 str()函数将整数转换为字符串，然后再写入文件。

2. 使用 writelines()方法写入文件内容

若想一次写入多行内容，可以使用 writelines()方法向文件写入内容。该方法将列表中的所有字符串依次写入文件，不会自动添加换行符，因此需要在每行内容的末尾手动添加换行符。

使用 writelines()方法向 example.txt 文件写入多行内容，示例代码如下。

【文件 7.8】 writelines1.py

```
#写入内容到文件
lines = ["Line 1\n", "Line 2\n", "Line 3\n"]
with open('example.txt', 'w') as file:
    file.writelines(lines)

#读取文件内容并输出
with open('example.txt', 'r') as file:
    file_content =file.read()
    print(file_content)
```

在这个例子中，writelines()方法将字符串列表中的每个元素逐行写入文件。然后，使用 read()方法读取文件的内容并输出到控制台。同样地，使用 with 语句来管理文件的打开和关闭操作。需要注意的是，使用 writelines()方法时要确保传入的参数是字符串类型的列表。如果要写入其他类型的数据，需要先将其转换为字符串再添加到列表中。

7.2 异常

异常处理是 Python 编程中一个非常重要的概念，当程序运行过程中出现错误或意外情况时，会产生异常，如果不加以处理，将可能导致程序崩溃或其他问题。本节将介绍 Python 中的异常处理机制以及如何编写优秀的代码来处理异常。

7.2.1 异常的概念

异常是指在程序运行时，如果 Python 解释器遇到了一个错误，会停止程序的执行，并且提示一些错误信息。程序停止执行并且提示错误信息这个动作，通常称为：抛出异常。

7.2.2 异常处理机制

异常处理是一种机制，通过使用 try…except 代码块来处理可能出现的异常情况。try…except 代码块让 Python 执行指定的操作，并在发生异常时告诉 Python 如何处理。在这种机制作用下，即使程序出现异常，也能继续运行而不会终止执行。

1. try-except 语句

一个 try 语句可能包含多个 except 子句，分别来处理不同的特定的异常，但最多只有一个分支会被执行。

基本语法如下。

```
try:
    #可能会出现异常的代码块
except ExceptionType1:
    #处理 ExceptionType1 类型的异常
except ExceptionType2:
    #处理 ExceptionType2 类型的异常
```

其中，try 模块中包含可能会出现异常的代码块。当程序执行到 try 模块时，Python 会尝试执行其中的代码。如果在 try 模块中出现异常，程序会立即跳转到对应的 except 块，并执行对应的异常处理代码。except 模块用于捕获和处理特定类型的异常。在 except 模块中，可以指定具体的异常类型，当 try 块中出现该类型的异常时，Python 会执行对应的 except 模块中的代码。如果没有指定异常类型，那么该 except 模块将捕获所有类型的异常。

简单来说，程序首先执行 try 模块中的代码。如果在 try 模块中发生异常，则跳转到匹配的 except 模块，并执行对应的异常处理代码。通过这种方式，即使出现异常，程序也可以继续运行而不会崩溃。

根据用户输入的内容来捕获特定的异常，示例代码如下。

【文件 7.9】 **abnormal1.py**

```
try:
    #可能抛出异常的代码
```

```
    num =int(input("请输入一个整数:"))
    result =10 / num
except ZeroDivisionError:
    #处理除以零的异常
    print("除数不能为零")
except ValueError:
    #处理输入非整数的异常
    print("请输入一个有效的整数")
```

上述代码使用了 try…except 语句来处理可能抛出的异常情况。首先,在 try 模块中,程序尝试从用户输入中读取一个整数,并将其作为除数计算结果。然而,由于用户的输入是不可控的,可能出现两种异常情况。如果用户输入的是零,那么计算结果将导致除以零的异常(ZeroDivisionError)。如果用户输入的不是一个有效的整数,例如,输入了字母或其他非数字字符,那么转换为整数的过程将引发值错误的异常(ValueError)。所以,通过使用两个 except 模块来处理这些异常。第一个 except ZeroDivisionError 模块用于捕获除以零的异常,如果出现这种异常,程序会跳转到该块,并输出提示信息“除数不能为零”。第二个 except ValueError 模块用于捕获输入非整数的异常,如果出现这种异常,程序会跳转到该块,并输出提示信息“请输入一个有效的整数”。

2. try…except…else 语句

try…except…else 是异常处理的一种语法结构。try 模块中包含可能会抛出异常的代码,如果在 try 模块中发生了异常,那么程序会跳转到对应的 except 模块,并执行其中的代码。如果在 try 模块中没有发生异常,那么程序会跳过 except 模块,直接执行 else 模块中的代码。else 模块用于处理在 try 块中没有抛出异常的情况,通常用于执行一些额外的逻辑或操作。

对应语法可写为

```
try:
    #可能会出现异常的代码块
except ExceptionType1:
    #处理 ExceptionType1 类型的异常
except ExceptionType2:
    #处理 ExceptionType2 类型的异常
else:
    #在没有异常时执行的代码
```

其中,try 模块中可能会出现异常的代码块。当程序执行到 try 模块时,Python 会尝试执行其中的代码。如果在 try 模块中出现异常,程序会立即跳转到匹配的 except 模块,执行对应的异常处理代码。如果 try 模块中没有出现异常,那么会继续执行 else 模块中的代码。except 模块是用于捕获和处理特定类型的异常,可以有多个 except 块来处理不同类型的异常。else 模块用于在 try 模块中没有出现异常时执行特定的代码。注意,这个块是可选的,可以根据需求选择是否添加。

简单来说,程序首先执行 try 模块中的代码,若 try 模块中发生异常,Python 会跳转到匹配的 except 模块,并执行其中的代码。若 try 模块中没有出现异常,Python 会执行 else

模块中的代码。

根据用户输入的内容来确定是否发生异常并输出，示例代码如下。

【文件 7.10】 **abnormal2.py**

```
try:
    #可能抛出异常的代码
    num =int(input("请输入一个整数:"))
    result =10 / num
except ZeroDivisionError:
    #处理除以零的异常
    print("除数不能为零")
except ValueError:
    #处理输入非整数的异常
    print("请输入一个有效的整数")
else:
    #没有异常时执行的代码
    print("计算结果:", result)
```

从上述代码可知，在try块中，程序尝试从用户输入中读取一个整数，并进行数值计算。在这里会出现两种异常情况，一个是如果用户输入的是零，那么计算结果将导致除以零的异常(ZeroDivisionError)；另一个是如果用户输入的不是一个有效的整数，例如，输入了字母或其他非数字字符，那么转换为整数的过程将引发值错误的异常(ValueError)。为了处理这两种异常，使用两个except模块。第一个except ZeroDivisionError模块用于捕获除以零的异常，如果出现这种异常，程序会跳转到该模块，并输出提示信息"除数不能为零"。第二个except ValueError模块用于捕获输入非整数的异常，如果出现这种异常，程序会跳转到该模块，并输出提示信息"请输入一个有效的整数"。

如果在try模块中没有出现异常，则会执行else模块中的代码并输出计算结果。

3. try…finally 语句

与上面两种异常处理机制不同的是，当try语句带有finally模块时，不论是否有异常发生，finally模块中的代码都会被执行。通常情况下，finally模块用于释放资源或执行一些必要的清理工作。

其基本语法结构如下。

```
try:
    #可能抛出异常的代码块
finally:
    #无论是否发生异常,都会执行的代码块
```

其中，try模块中包含可能会出现异常的代码块。finally模块用于定义无论是否发生异常，都要执行的代码块。需要注意的是，这个模块中的代码无论try模块是否出现异常都会被执行。

打开不知道是否存在的example.txt文件，示例代码如下。

【文件 7.11】 **abnormal3.py**

```
try:
    #可能抛出异常的代码
```

```
    file =open('example.txt', 'r')
    content =file.read()
    print(content)
except FileNotFoundError:
    #处理文件不存在的异常
    print("文件不存在")
finally:
    #关闭文件,释放资源
    file.close()
```

以上代码使用 try…except…finally 语句,读取文件内容并处理文件可能不存在的异常。如果文件存在,则程序顺利读取文件内容并输出到控制台。如果文件不存在,程序将捕获 FileNotFoundError 异常,并输出“文件不存在”的提示信息。不管是否发生异常,程序都会执行 finally 块中的代码,确保文件资源得到正确释放。

7.2.3 异常传递

异常传递是指在程序中,当一个函数或代码块中发生异常,但没有合适的处理方式时,异常会被传递到调用该函数或代码块的上层,即调用栈的上一层,继续寻找能够处理该异常的代码块。

详细来说,当一个函数 A 调用另一个函数 B 时,如果函数 B 中出现异常,Python 会将异常从函数 B 传递给函数 A。如果函数 A 没有对异常进行处理,异常会继续传递给调用函数 A 的函数,直到找到一个处理该异常的 try…except 块或者异常没有被处理而导致程序终止。示例代码如下。

【文件 7.12】 **deliver1.py**

```
def divide(x, y):
    try:
        result =x / y
        return result
    except ZeroDivisionError:
        print("除数不能为零")


def main():
    try:
        x =int(input("请输入一个整数:"))
        y =int(input("请输入另一个整数:"))
        result =divide(x, y)
        print("计算结果:", result)
    except ValueError:
        print("请输入有效的整数")


if __name__ =="__main__":
    main()
```

在上面的代码中,main 函数调用了 divide 函数来进行两个整数的除法运算。如果用户输入的除数为零,divide 函数会抛出 ZeroDivisionError 异常。这个异常会传递给 main 函数，并在 main 函数中的 try…except 块中进行处理，输出“除数不能为零”的提示信息。如果用户输入的不是一个整数，int 函数会抛出 ValueError 异常，这个异常也会传递给 main 函数进行处理，输出“请输入有效的整数”的提示信息。

通过异常传递，可以实现在不同层次的函数中对异常进行集中处理，使得程序更加清晰和可维护。同时，避免了异常在函数调用过程中没有被处理而导致程序崩溃的情况。

7.2.4 自定义异常

自定义异常是指在 Python 中，程序员可以根据自己的需要创建自定义的异常类，以便在特定情况下抛出这些异常，并在程序中进行相应的处理。自定义异常类继承自 Exception 类，可以直接继承，或者间接继承。

自定义异常类的定义通常包括以下步骤。

(1) 使用 class 关键字定义一个新的类，命名为自定义异常的名称，一般以驼峰命名法，例如 MyError。

(2) 在类名后面使用圆括号，指定基类或父类。通常，会继承 Python 中的标准异常基类 Exception，即 class MyError(Exception):。

语法可写为

```
class MyCustomException(Exception):
    def __init__(self, message):
        super().__init__(message)
        self.message =message
```

其中，class 关键字用于定义一个新的类，类名为 MyCustomException，后面紧跟着继承的基类 Exception，表示 MyCustomException 是 Exception 类的子类，也就是自定义异常。

在自定义异常类的内部，还可以添加其他方法或属性，来扩展自定义异常的功能。定义好之后，可以使用 raise 语句来抛出自定义异常，并根据需要附带错误信息。示例如下。

```
raise MyCustomException("附带的错误信息")
```

当程序运行到这个 raise 语句时，会抛出自定义异常，并根据__init__方法中的代码进行初始化，从而创建一个自定义异常对象，并将其传递给 try…except 语句进行处理。

使用自定义异常来编写一个整数计算的案例，示例代码如下。

【文件 7.13】 defierror.py

```
class MyError(Exception):
    def __init__(self, value):
        self.value =value

    def __str__(self):
        return repr(self.value)


try:
    num =int(input("请输入一个整数:"))
    if num <=0:
        raise MyError("输入的整数必须大于零")
```

```
            content = file.read()
            print("文件内容:\n", content)
    except FileNotFoundError:
        print("文件不存在,请检查文件名。")
    finally:
        file.close()

def main():
    filename = input("请输入文件名:")
    read_file_content(filename)

if __name__ == "__main__":
    main()
```

小结

本章主要介绍了Python中的文件读写操作以及异常处理机制。在文件读写方面,学习了如何打开文件、读取文件内容和写入文件内容。在异常处理方面,了解了如何使用try…except语句捕获和处理异常,同时学习了如何使用else和finally子句增强异常处理能力,以及如何自定义异常类来处理特定的错误情况。

课后练习

一、选择题

1. 在Python中,用于打开文件的函数是(　　)。

   A. open()　　B. read()　　C. write()　　D. close()

2. 使用try…except语句时,如果没有发生异常,会执行(　　)。

   A. try子句　　B. except子句　　C. else子句　　D. finally子句

3. 下面(　　)异常类型用于处理除以零的错误。

   A. FileNotFoundError　　B. ValueError

   C. ZeroDivisionError　　D. KeyError

4. 以下(　　)方法可以逐行读取文件的内容。

   A. read()　　B. readline()　　C. readlines()　　D. write()

5. 下面(　　)关键字用于定义自定义的异常类。

   A. try　　B. raise　　C. except　　D. class

二、编程题

编写一个Python程序,要求用户输入一个文件名,然后读取该文件的内容并统计文件中的字符数、单词数和行数,并输出统计结果。

第8章 类和模块

面向对象编程是最有效的软件编写方法之一。在面向对象编程中，人们通过编写表示现实世界中的事物和情景的类，并基于这些类来创建对象。编写类时，定义一大类对象都有的通用行为。基于类创建对象时，每个对象都自动具备这种通用行为，然后可根据需要赋予每个对象独特的个性。使用面向对象编程可模拟现实情景，其逼真程度达到了令人惊讶的地步。

在本章中，将会学习 Python 类和模块的相关知识，类和模块的关系如图 8-1 所示。

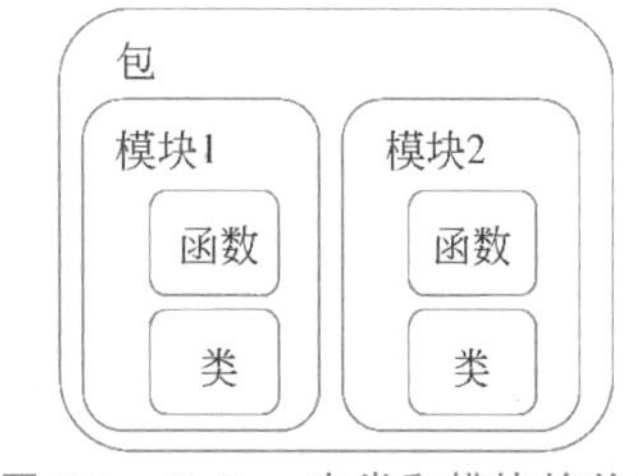

图 8-1　Python 中类和模块的关系

在 Python 中，类是一种抽象的数据类型，可以通过定义属性(数据)和方法(操作)来创建一个新的对象。类可以看作通过蓝图来创建对象的模板。

一个类通常包含以下几个要素。

(1) 属性：类的属性是用于描述对象特征的变量。每个对象都可以具有不同的属性值。属性可以是类的特征，如颜色、形状等。在类中定义的属性可通过实例访问。

(2) 方法：类的方法是定义在类中的函数。这些方法用于描述该类对象可以执行的操作。方法通常对对象的属性进行操作，完成特定的任务。类中的方法可以通过实例调用。

(3) 构造函数：构造函数是一个特殊的方法，用于在创建类对象时进行初始化。构造函数使用特殊的方法名__init__()来定义。通过构造函数，可以传递参数给类，并初始化对象的属性。

(4) self 关键字：在类中，self 是一个特殊的参数，指代对象本身。在类的方法中，self 用于访问对象属性。

模块(Module)是一种把相关的函数、类和变量组织在一起的方式。在 Python 中，可以将代码组织成不同的模块，并通过 import 语句来调用和使用模块中的代码。

Python 中的模块可以是 Python 文件，也可以是以.py 为后缀的文件。一个模块可以包含多个类、函数和变量,可以在其他模块中通过 import 语句来调用和使用。使用模块可以提高代码的重复利用性和可维护性。通过将代码组织成模块,可以使代码结构更加清晰,易于管理和维护。

Python 中有一些内置的模块,例如,math 模块用于数学计算,random 模块用于生成随机数等。也可以自己创建模块,并在其他代码中使用。

8.1 类的定义与属性

类(class)是面向对象编程的基础,它是一种用来描述对象的模板。在 Python 中,可以通过 class 关键字来定义一个类,class 定义类,与函数的定义 def 相似,类名一般都是首字母大写,使用“驼峰命名法”,首个单词字母大写。类名后面可以加括号,也可以不加,默认都是继承 object 类。变量名都是小写,单词之间以下画线隔开。Python 中类的定义语法如下。

```
class 类名:
pass
```

类的三要素:①类名;②属性;③方法。

- 类属性:定义在类方法之外。
- 类方法:类中定义的函数。
- 类属性的访问:类名.属性名。
- 类方法的调用:类名.方法名。

注意:

(1) 实例对象可以访问类属性。

(2) 实例属性有独立内存空间。

(3) 类不能访问实例属性。

(4) 类不能访问实例方法。

(5) 实例对象不能访问类方法。

示例代码如下。

```
class Teacher:
    name = "鲁班"                              #类属性
    def age():
        print('我要上王者')

Teacher.name = "李白"                          #改变类的属性
Teacher.name2 = '典韦'                         #类外——添加类属性
print(Teacher.name2)
t = Teacher()                                  #创建一个 Teacher()的实例 t
Teacher.age()                                  #调用 Teacher 类的方法
print(Teacher.name)                            #调用 Teacher 类的属性
print(t.name)                                  #实例对象可以访问类属性
#t.age()                                       #错误  实例对象不能访问类方法
```

```
print('Teachar.name 的 id:%d'%id(Teacher.name))
print('t.name 为改变前的 id:%d'%id(t.name))
t.name ="妲己"
print('t.name 改变后的 id:%d'%id(t.name))

#执行结果:
典韦
我要上王者
李白
李白
Teachar.name 的 id:2756328801008
t.name 为改变前的 id:2756328801008
t.name 改变后的 id:2756328801184
```

8.1.1 对象的创建与方法

1. 类的实例化

实例化是由抽象到具体的过程。

- 定义:

```
实例名 =类名()
```

- 类是实例的工厂,类提供的是母版。
- 实例是一个独立存放变量的空间。

示例代码如下。

```
class Car:
    boon =4
audi =Car()                                   #实例化出来的对象
bmw =Car()
audi.boon =5                                  #对象添加的属性,空间是独立的,其他的访问不到
print(audi.boon)
print(bmw.boon)

#执行结果:
5
4
```

2. 方法

封装在类里的一种特殊的函数。

示例代码如下。

```
class Hero:
    name ='鲁班'
    def run(self):     #self 就是一个参数,代表实例本身,约定俗成使用 self
        print('五连绝世')
```

```
str = Hero()                                #实例化对象
str.run()                                   #ok 实例化调用方法
Hero.run(str)
#Hero.run()                                 #错误  类不能调用实例方法
print('%s 拿了五杀'%str.name)
print('%s 拿了五杀'%Hero.name)

#执行结果:
五连绝世
五连绝世
鲁班拿了五杀
鲁班拿了五杀
```

3. Python 类中的 self 的作用

在 Python 的类中，self 是定义一个方法时默认的一个形参，其作用是在我们需要调用这个方法时，不需要手动传递实参值。Python 解释器会将当前调用的这个方法的对象作为实参传递给形参 self。也就是说，通过哪个对象调用这个方法，方法中的 self 就是哪个对象。self 指的是类实例对象本身。self 不是关键字，也就是说，可以用其他的合法的变量名称替换 self，但基于规范和标准建议，应尽量使用 self。

示例代码如下。

```
class Car:
def __init__(self, brand, model, year):
    self.brand = brand
    self.model = model
    self.year = year
```

在上述代码中，定义了一个名为 Car 的类，它包含三个属性：brand、model 和 year。其中，init()方法是一个特殊方法（也称为构造方法），用于初始化对象的属性。self 参数指的是对象本身，在方法中也用来访问对象的属性。

创建对象的过程称为实例化，可以通过类来创建多个对象。例如：

```
car1 = Car('BMW', 'X5', 2022)
car2 = Car('Toyota', 'Camry', 2021)
```

上述代码分别创建了两个名为 car1 和 car2 的 Car 对象，它们具有不同的属性值。除了属性外，类还可以定义方法，用于执行特定的操作。示例代码如文件 8.1 所示。

【文件 8.1】 8.1.py

```
class Car:
    def __init__(self, brand, model, year):
        self.brand = brand
        self.model = model
        self.year = year

    def drive(self):
        print("The car is driving...")
```

```
car1 =Car('BMW', 'X5', 2022)
car2 =Car('Toyota', 'Camry', 2021)

car1.drive()
car2.drive()
```

在上述代码中,新增了一个 drive()方法,用于输出“The car is driving...”这一信息。通过对象的方法,可以执行特定的操作。

通过图 8-2,可以再详细地看一下类的具体用法。

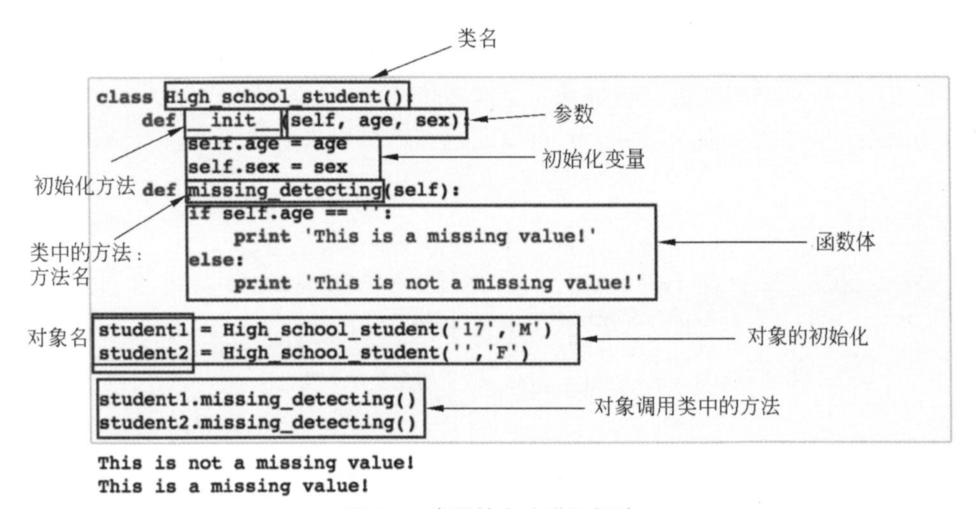

图 8-2　类属性方法详细解读

需要注意的是,根据类的设计,可能需要为属性和方法添加更多的参数。此外,还可以使用继承和多态等概念扩展和增强类的功能。

8.1.2　继承与多态

在 Python 中,继承和多态是面向对象编程的两个重要概念。继承:继承是一种机制,让一个类(称为子类或派生类)可以继承另一个类(称为父类或基类)的属性和方法。子类可以继承父类的属性和方法,并且可以添加新的属性和方法。这样可以实现代码的重用和扩展。

1. 继承

问题一:两个类中有大量重复的代码,是否能够只写一次?

问题二:继承的意义是什么?

面向对象的编程带来的好处之一是代码的重用,实现这种重用方法之一是通过继承机制。继承是两个类或多个类之间的父子关系,子类继承了基类的所有公有数据属性和方法,并且可以通过编写子类的代码扩充子类的功能。

开个玩笑地说,如果人类可以做到儿女继承了父母的所有才学并加以拓展,那么人类的发展至少是现在的数万倍。继承实现了数据属性和方法的重用,减少了代码的冗余度。

那么何时需要使用继承呢? 如果需要的类中具有公共的成员,且具有一定的递进关系,那么就可以使用继承，且让结构最简单的类作为基类。一般来说，子类是父类的特殊化，如下面的关系：

哺乳类动物—>狗—>柯基

特定狗种类继承狗类，狗类继承哺乳动物类，狗类中编写了描述所有狗种公有的行为的方法而特定狗种类中则增加了该狗种特有的行为。

不过继承也有一定弊端，可能基类对于子类也有一定特殊的地方，如某种特定狗种不具有绝大部分狗种的行为，当程序员没有理清类间的关系时，可能使得子类具有了不该有的方法。另外，如果继承链太长，任何一点小的变化都会引起一连串变化，我们使用的继承要注意控制继承链的规模。

继承就是让类和类之间转变为父子关系，子类可以直接访问（调用）父类的静态属性和方法。在 Python 中，新建的类可以继承一个或多个父类，父类又可称为基类或超类，新建的类称为派生类或子类。在 Python 中，可以通过继承机制来创建子类。示例代码如文件 8.2 所示。

【文件 8.2】 8.2.py

```
class ElectricCar(Car):#继承父类，会将父类所有的东西都继承过来
    def __init__(self, brand, model, year, battery_size):
        super().__init__(brand, model, year)
        self.battery_size =battery_size#重写父类的方法

    def drive(self):
        print("The electric car is driving...")

    def charge(self):
        print("The battery is charging...")

e_car =ElectricCar('Tesla', 'Model 3', 2022, 75)
e_car.drive()
e_car.charge()
```

在上述代码中，ElectricCar 类继承自 Car 类。此外，ElectricCar 类新增了一个属性（battery_size）和一个 drive()方法的重写，同时新增了一个 charge()方法。通过子类继承的特性，ElectricCar 对象不仅拥有 Car 类的属性和方法，还具有自己的特性。

2. 继承的规则

(1) 子类继承父类的成员变量和成员方法。

(2) 子类不继承父类的构造方法，能够继承父类的析构方法。

(3) 子类不能删除父类的成员，但可以重定义父类成员。

(4) 子类可以增加自己的成员。

3. 多继承

如果有多个基类，则需要全部写在括号里，这种情况称为多继承。在 Python 中继承有以下一些特点。

(1) 在继承中基类初始化方法__init__不会被自动调用。如果希望子类调用基类的__

init__方法，需要在子类的__init__方法中显式调用了它。这与C++和C#的区别很大。

(2) 在调用基类的方法时，需要加上基类的类名前缀，且带上self参数变量。注意，在类中调用该类中定义的方法时不需要self参数。

(3) Python总是首先查找对应类的方法，如果在子类中没有对应的方法，Python才会在继承链的基类中按顺序查找。

(4) 在Python继承中，子类不能访问基类的私有成员。

多继承参考示例如下。

```
class Base:
    def play(self):
        print('我是祖')

class A(Base):
    def play(self):
        print("我是祖的儿子")


class B(Base):
    def play(self):
        print('我是祖的女儿')

class C(B,A):    #谁先继承就用谁
    pass
c =C()
c.play()

#执行结果:
我是祖的女儿
```

4. 多态

多态是一种能够处理不同类型和类的对象的能力。在Python中，多态允许使用相同的方法名，但不同的参数类型和实现来调用对象的方法。这种灵活性可以使程序更加通用和可扩展。例如：

```
def drive_car(car):
    car.drive()

drive_car(car1)#父类的引用指向子类的对象(多态)
drive_car(car2)
drive_car(e_car)
```

在上述代码中，创建了一个drive_car()函数，它接收一个Car对象作为参数，并调用其drive()方法。由于不同对象的drive()方法可能会有不同的实现，因此可以实现多态的效果。

下面再来看一个继承与多态的实例代码，如文件8.3所示。

【文件8.3】 8.3.py

```
class Person():
```

```
    def __init__(self, name, age):
        self.name =name
        self.age =age
    def print(self):
        print("Person", self.name, self.age)

#继承父类,会将父类所有的东西都继承过来
class Student(Person):
    #重写父类的方法
    def print(self):
        print("Student", self.name, self.age)

#父类的引用指向子类的对象(多态)
student: Person =Student("张三", 23)
student.print() #Student 张三 23
```

继承和多态是面向对象编程的核心概念,可以使代码更容易理解、扩展和维护。它们在许多实际场景中都发挥着重要的作用,例如,创建类的层次结构、实现接口和抽象类等。

理解面向对象编程有助于像程序员那样看世界,还可以真正明白自己编写的代码:不仅是各行代码的作用,还有代码背后更宏大的概念。了解类背后的概念,可培养逻辑思维,能够通过编写程序来解决遇到的几乎任何问题。

8.2 构造函数

8.2.1 什么是构造函数

在 Python 中,构造函数是一种特殊的方法,它在创建对象时被调用,用于初始化该对象的属性。构造函数通常使用__init__()方法来定义,它的名称始终为__init__,并且必须以 self 参数作为第一个参数,表示该方法必须在对象上下文中调用。示例代码如文件 8.4 所示。

【文件 8.4】 8.4.py

```
class Person:
    def __init__(self, name, age):
        self.name =name
        self.age =age
    def display(self):
        print(f"My name is {self.name} and I am {self.age} years old.")


person1 =Person('John', 25)
person2 =Person('Ava', 30)

person1.display()
person2.display()
```

在上述代码中,定义了一个名为 Person 的类,它包含一个构造函数__init__()和一个

名为 display()的方法。在构造函数中，使用了 self 参数来初始化对象的属性。

构造函数的特点和使用说明如下。

(1) 构造函数是在创建对象时被自动调用的，不需要手动调用。

(2) 构造函数的参数除了 self 以外，可以根据需要添加任意数量的参数。

(3) 构造函数可以用于对类的成员变量进行初始化，以及执行其他必要的初始化操作。

(4) 创建类的实例时，构造函数会自动调用，并且可以根据传入的参数进行初始化。

(5) 如果没有显式定义构造函数，Python 会默认提供一个无参的构造函数。

构造函数在面向对象编程中起着重要的作用，它可以确保对象被正确地初始化，并且为类的实例提供了一个合适的起点。

8.2.2 构造函数的默认值

在 Python 的构造函数中，可以为参数提供默认值。这意味着在创建对象时，可以选择性地不提供这些参数的值。如果没有提供值，则使用参数的默认值。示例代码如文件 8.5 所示。

【文件 8.5】 8.5.py

```
class Rectangle:
    def __init__(self, width=0, height=0):
        self.width =width
        self.height =height

    def area(self):
        return self.width * self.height

    def perimeter(self):
        return 2 * (self.width+self.height)
rect1 =Rectangle()
rect2 =Rectangle(5, 10)

print(rect1.area())
print(rect1.perimeter())

print(rect2.area())
print(rect2.perimeter())
```

在上述代码中，定义了一个名为 Rectangle 的类，它包含一个构造函数__init__()、一个 area()方法和一个 perimeter()方法。在构造函数中，给 width 和 height 参数分别设置了默认值 0。当对象没有提供参数时，将使用默认值来初始化它们的属性。

构造函数的默认值在以下情况下特别有用。

(1) 当某些参数值的使用频率较高，且通常情况下这些参数的值相同。

(2) 当有些参数是可选的，可以根据需要提供值。

为参数提供默认值可以提高代码的灵活性和可读性，并且允许更多的选项和配置。如果使用带有默认值的构造函数，创建对象时可以根据需要覆盖这些默认值，或者选择使用默认值。

8.2.3 构造函数的重载

在 Python 中，类的构造函数是 __init__ 方法。与其他编程语言不同，Python 不支持方法重载。方法重载指的是在同一个类中定义多个方法，它们具有相同的名称但具有不同的参数。然而，在 Python 中，只能有一个名为 __init__ 的构造函数。

然而，可以通过一些技巧来模拟构造函数的重载，以便根据不同的参数实现不同的行为。在 Python 中，构造函数也可以像普通函数一样进行重载。示例代码如文件 8.6 所示。

【文件 8.6】 8.6.py

```
class Point:
    def __init__(self, x=0, y=0):
        self.x =x
        self.y =y
    def display(self):
        print(f"({self.x}, {self.y})")
    def distance(self, other):
        dx =self.x -other.x
        dy =self.y -other.y
        return (dx* * 2 +dy* * 2) * * 0.5

p1 =Point()
p2 =Point(5)
p3 =Point(3, 4)
p4 =Point(y=5)

p1.display()
p2.display()
p3.display()
p4.display()

print(p1.distance(p2))
print(p1.distance(p3))
```

在上述代码中，定义了一个名为 Point 的类，它包含一个构造函数__init__()、一个 display()方法和一个 distance()方法。在构造函数中，使用了参数的默认值。此外，distance()方法接收一个 Point 对象作为参数，用于计算与其他点之间的距离。

需要注意的是，在实际编程过程中，应尽量避免编写过于复杂的构造函数重载逻辑。当构造函数逻辑变得复杂时，可能需要重新考虑类的设计，将逻辑分离为单独的方法或使用不同的类来实现不同的行为。

8.3 模块

模块是 Python 中用来组织代码的一种方式。它可以将相关的函数、类和变量组合在一起，提供了代码的可重用性和模块化的设计。在本节中，将深入了解 Python 模块的详细内容,并提供代码示例来说明不同的概念和用法。图 8-3 展示了一个 Python 项目模块依赖关系的实例。

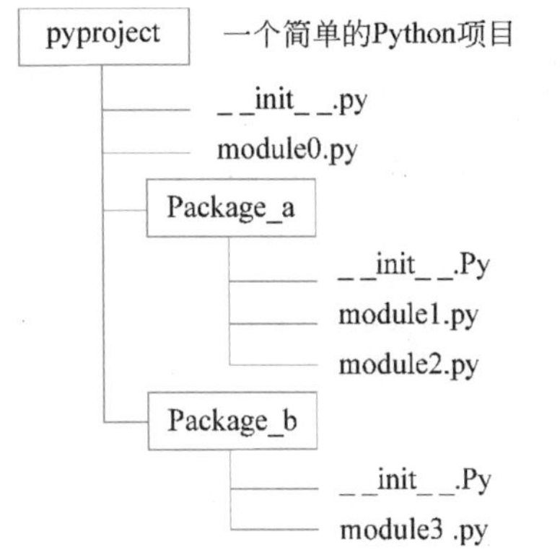

图 8-3 Python 项目中模块依赖关系的一个实例

8.3.1 什么是模块

在 Python 中,模块(Module)是一个包含 Python 定义和语句的文件,它可以被其他程序导入,并在这些程序中以其定义的函数和变量的方式使用。Python 标准库中提供了大量的模块,如 math、os 和 random 等。

可以把模块理解为一个类库,其中包含一些可以被复用的代码块。开发者可以按照需求,将其中的函数、类导入到自己的程序中使用,从而大大提高编写代码的效率。

8.3.2 如何使用模块

Python 提供了 import 语句,用于将一个模块导入到程序中使用。例如,创建一个名为 my_module.py 的文件,内容如文件 8.7 所示。

【文件 8.7】 my_module.py

```
PI =3.1415926

def get_circle_area(radius):
    return PI * radius * * 2

class Person:
    def __init__(self, name):
        self.name =name
    def say_hello(self):
        print(f"Hello, my name is {self.name}.")
```

在另一个 Python 文件中,导入并使用 my_module.py 中定义的函数和类,代码如下。

【文件 8.8】 8.8.py

```
import my_module

print(my_module.PI)
print(my_module.get_circle_area(5))
```

```
person =my_module.Person('Tom')
person.say_hello()
```

以上代码演示了如何将 my_module.py 导入到另一个 Python 文件中，并使用其中的函数和类。导入模块后，可以通过模块名来访问其中的变量、函数和类等。

8.3.3 使用 from…import 语句

除了使用 import 关键字导入整个模块，还可以使用 from…import 语句导入模块中的单个变量、函数、类等。有时候，一个模块可能非常大，而只对其中的一部分感兴趣。在这种情况下，可以选择仅导入模块的一部分内容。示例代码如文件 8.9 所示。

【文件 8.9】 8.9.py

```
from my_module import PI, get_circle_area, Person

print(PI)
print(get_circle_area(5))
person =Person('Jerry')
person.say_hello()
```

在以上代码中，使用 from…import 语句导入了 my_module.py 中的 PI、get_circle_area()和 Person 类。注意，引入多个变量时需要用逗号分隔。使用这种方式可以不用在使用变量时加上模块名前缀。

8.3.4 使用 as 关键字

如果导入的模块或其中的函数、变量等名称与程序中的其他名称发生冲突时，可以使用 as 关键字对导入的名称进行重命名。示例代码如文件 8.10 所示。

【文件 8.10】 8.10.py

```
import math as m
print(m.pi)
print(m.sin(0.5))

from my_module import get_circle_area as get_area
print(get_area(10))
```

在以上代码中，为了避免与程序中的其他名称发生冲突，使用 as 关键字对导入的 math 模块进行了重命名。另外，对导入的 my_module 模块中的 get_circle_area()函数进行了重命名，变成了 get_area()。

8.3.5 创建自定义模块

也可以创建自己的自定义模块，以便在其他程序中重用代码。示例代码如文件 8.11 所示。

【文件 8.11】 my_module2.py

```
"""这是一个示例模块"""
```

```
def hello_world():
"""打印 Hello World"""
    print("Hello World")

def add_numbers(a, b):
"""返回两个数的和"""
    return a +b

pi =3.14159
```

主程序中的使用示例如下。

【文件 8.12】 8.12.py

```
import my_module2

my_module2.hello_world()                   #输出 Hello World
print(my_modul2e.add_numbers(5, 10)) #输出 15
print(my_module2.pi)                       #输出 3.14159
```

在这个示例中,创建了一个名为 my_module 的自定义模块,并在主程序中使用了这个模块中的函数和变量。

模块是一种组织代码的好方法,它可以提供代码的可重用性和模块化设计,使代码更易于维护和扩展。本章对 Python 模块进行了详细的介绍,包括模块的引入、导入模块中的特定成员、导入模块的一部分、在导入模块时执行特定的代码和创建自定义模块等内容。使用模块能够提高代码重用性和可读性,并且使代码结构更加清晰和模块化。

实训 8 简易学生管理系统(基于类和对象)

需求说明

创建一个学生管理系统,包括学生、教室和学校三个类。学生有 id、name 和 grade 属性;教室包含多个学生,可以添加和删除学生,还可以检索所有学生;学校包含多个教室,可以添加和删除教室,也可以检索所有学生。

训练要点

类和对象,模块。

实现思路

(1) 第一个类是 Student(学生)类,它代表一个学生。它具有三个属性: id 表示学生的唯一标识符,name 表示学生的姓名,grade 表示学生的年级。__init__方法在创建对象时初始化这些属性。

解决方案及关键代码

```
class Student:
    def __init__(self, id, name, grade):
        self.id =id
```

```
        self.name = name
        self.grade = grade
```

(2) 定义了一个 Classroom 类,它有 name 和 students 属性。__init__方法用于初始化创建教室对象时的属性。add_student()和 remove_student()方法分别用于添加和删除学生对象。

解决方案及关键代码

```
class Classroom:
    def __init__(self, name):
        self.name = name
        self.students = []

    def add_student(self, student):
        self.students.append(student)

    def remove_student(self, student):
        if student in self.students:
            self.students.remove(student)

    def get_all_students(self):
        return self.students
```

第三个类不再赘述。

(3) 创建了两个教室对象 classroom1 和 classroom2,分别具有名称 Classroom 1 和 Classroom 2。然后分别向这两个教室中添加了几个学生,为每个学生设置了不同的 ID、姓名和年级。

将 classroom1 和 classroom2 加入到了学校对象 school 的 classrooms 列表中。

解决方案及关键代码

```
school = School("My School")

classroom1 = Classroom("Classroom 1")
classroom1.add_student(Student(1, "John", 10))
classroom1.add_student(Student(2, "Alice", 11))

classroom2 = Classroom("Classroom 2")
classroom2.add_student(Student(3, "Sam", 9))
classroom2.add_student(Student(4, "Emily", 10))

school.add_classroom(classroom1)
school.add_classroom(classroom2)
```

(4) 使用 get_all_students()方法获取学校中的所有学生对象,并通过遍历打印每个学生对象的 ID、姓名和年级。

解决方案及关键代码

```
all_students = school.get_all_students()
```

```
for student in all_students:
    print("ID:", student.id)
    print("Name:", student.name)
    print("Grade:", student.grade)
    print("------------")
```

小结

本章主要介绍了 Python 中的类和模块。

类是一种自定义数据类型，它可以包含数据属性和方法。使用类可以创建对象，将数据和相应的操作封装在一起。

本章涵盖了以下主题。

- 类的定义和使用：通过 class 关键字可以定义一个类。类中可以定义变量和函数，称为类的属性和方法。通过实例化类可以创建对象，并调用对象的方法来完成相应的操作。
- 访问修改属性：通过使用点号操作符可以访问和修改对象的属性。属性可以是实例属性，也可以是类属性。
- 继承：继承是面向对象编程中的一种重要概念，它可以使一个类从另一个类继承属性和方法。通过继承，可以避免重复编写代码，并实现代码的复用性。
- 多态：多态是多态性的一种表现，它允许不同的子类对象以自己的方式对父类的方法进行操作。多态性提高了代码的灵活性和可扩展性。
- 模块的概念和使用：模块是以文件形式保存的 Python 代码。通过引入模块，可以扩展 Python 的功能，使用模块中的函数、类和变量。

总结起来，类和模块是 Python 面向对象编程中重要的概念。类允许我们创建自定义数据类型，将数据和操作封装在一起。模块允许我们组织代码、扩展功能，并提高代码的可重用性和可维护性。

通过学习类和模块的使用，可以更好地组织和管理代码，提高代码的可读性、可维护性和可扩展性。

课后练习

1. 创建一个名为 Person 的类，包含属性 name 和 age，以及方法 introduce()用于打印出姓名和年龄。创建一个 Person 对象，并调用其 introduce()方法。

2. 创建一个名为 Student 的类，继承自 Person 类，添加属性 grade 和方法 show_grade()用于打印出学生的年级。创建一个 Student 对象，并调用其 show_grade()方法。

3. 创建一个名为 list_utils 的模块，其中包含函数 get_max 和 get_min 分别返回列表中的最大值和最小值。在另一个文件中引入 list_utils 模块，并调用其函数获取列表中的最大值。

第9章 图形化界面tkinter

tkinter 是 Python 的标准 GUI(图形用户界面)工具包,它提供了创建 GUI 窗口应用程序的组件和工具。tkinter 建立在 tk 图形库之上,tk 库最初是用于 TCL(一种脚本语言)的,但后来也被用于其他编程语言,如 Python。

以下是 tkinter 的一些特点和功能。

(1) 简单易用: tkinter 是 Python 的一部分,因此不需要额外安装即可使用。它提供了丰富的 GUI 组件,简化了界面开发的过程。

(2) 跨平台性: tkinter 可以运行在几乎所有的操作系统上,包括 Windows、macOS 和 Linux 等。

(3) 丰富的组件: tkinter 提供了各种常见的界面组件,如按钮、标签、文本框、下拉框、滑块条、复选框等。这些组件可以根据需要进行自定义配置和样式。

(4) 事件驱动: tkinter 使用事件驱动的编程模型。用户可以通过绑定事件处理函数来响应用户的操作,如单击按钮、键盘输入等。

(5) 布局管理器: tkinter 提供了几种布局管理器,用于灵活地管理组件的位置和大小。常用的布局管理器有 Pack 布局、Grid 布局和 Place 布局。

(6) 支持图形绘制: tkinter 提供了一些基本的图形绘制功能,如绘制直线、矩形、椭圆、多边形等。可以用来创建简单的图形界面或绘制图表。

(7) 强大的可扩展性: tkinter 与 Python 的其他库和模块兼容性很好,可以与数据库、网络编程、图像处理等模块进行整合。此外,可以通过自定义组件和样式来扩展 tkinter 的功能。

需要注意的是,tkinter 的界面并不是非常现代和漂亮,如果需要更高级的界面效果,可以考虑其他库和工具,如 PyQt、wxPython 等。

总之,tkinter 是 Python 编程中创建图形界面的一种便捷且功能强大的工具,特别适用于简单和中小规模的界面开发,它提供了一系列的组件,如标签、按钮、文本框等,可以帮助我们轻松地创建各式各样的界面。本章将介绍 tkinter 的基本用法及常用组件。

9.1 tkinter 基本操作

以下是 tkinter 模块中常用的一些命令。

1. Tk()

创建主窗口对象。例如：

```
root =tk.Tk()
```

2. Label(root, text= "Hello")

创建标签(Label)对象,用于显示文本或图像。例如：

```
label =tk.Label(root, text="Hello")
```

3. Button(root, text= "Click", command= callback)

- 创建按钮(Button)对象,用于触发特定动作。
- command 参数指定按钮单击时调用的函数。例如：

```
button =tk.Button(root, text="Click", command=callback)
```

4. Entry(root)

创建文本输入框(Entry)对象,用于接收用户输入文本。例如：

```
entry =tk.Entry(root)
```

5. Text(root)

创建多行文本框(Text)对象,用于显示和编辑多行文本。例如：

```
text =tk.Text(root)
```

6. Checkbutton(root, text= "Check", variable= var)

- 创建复选框(Checkbutton)对象,用于选择或取消一个选项。
- variable 参数用于存储复选框状态的变量。例如：

```
checkbox =tk.Checkbutton(root, text="Check", variable=var)
```

7. Radiobutton(root, text= "Option", variable= var, value= val)

- 创建单选按钮(Radiobutton)对象,用于从多个选项中选择一个。
- variable 参数用于存储选中的单选按钮的值。
- value 参数用于指定单选按钮的值。例如：

```
radio =tk.Radiobutton(root, text="Option", variable=var, value=val)
```

8. Frame(root)

创建框架(Frame)对象,用于容纳其他组件。例如:

```
frame =tk.Frame(root)
```

9. pack()

将组件添加到父容器中,并自动调整布局。例如:

```
label.pack()
```

10. grid()

将组件按网格布局添加到父容器中。例如:

```
button.grid(row=0, column=0)
```

11. place()

使用绝对坐标定位组件的位置。例如:

```
entry.place(x=50, y=20)
```

12. config()

修改组件的属性配置。例如:

```
label.config(text="Updated Text")
```

13. bind(event, handler)

- 绑定事件和事件处理函数。
- event 参数指定要绑定的事件类型。
- handler 参数指定事件发生时调用的函数。例如:

```
button.bind("<Button-1>", callback)
```

14. mainloop()

启动主循环,用于监听和处理事件。例如:

```
root.mainloop()
```

这些是 tkinter 模块中一些常用的命令。通过组合和使用这些命令,可以创建出丰富的图形界面应用程序。

9.1.1 创建基本窗口

在 tkinter 模块中,我们用 Tk()函数(T 要大写)去创建一个主窗口,用 mainloop()方法使主窗口进入消息事件循环,这很重要,如果没有使主窗口进入消息事件循环,那么主窗口就只会在屏幕上闪一下就消失了,或者闪都没有闪一下,根本没有出现。mainloop()方法的位置一定是放在最后,可以把它理解成一个巨大的循环,使主窗口显示这个程序一直执行

(所以主窗口一直显示在屏幕上),类似于循环。

在使用 tkinter 之前,需要先导入模块,并创建一个 tk 对象来作为应用程序的主窗口。示例代码如文件 9.1 所示:

【文件 9.1】 9.1.py

```
import tkinter as tk

root =tk.Tk()
root.mainloop()
```

上述代码定义了一个名为 root 的 tk 对象,并调用它的 mainloop()方法用来显示窗口,窗口效果如图 9-1 所示。

图 9-1 创建 tk 对象

9.1.2 创建标签

标签组件可以用来显示文本或图像,通过 Label 类来创建。示例代码如文件 9.2 所示。

【文件 9.2】 9.2.py

```
import tkinter as tk

root =tk.Tk()
label1 =tk.Label(root, text='Hello, Python! ')
label1.pack()
root.mainloop()
```

运行效果如图 9-2 所示。

图 9-2 创建标签

上述代码创建了一个名为 label1 的标签,它显示了一段文本内容,并通过 pack()方法将标签添加到主窗口中。

9.1.3 创建按钮

按钮组件可以用来触发事件,通过 Button 类来创建。示例代码如文件 9.3 所示。

【文件 9.3】 9.3.py

```
import tkinter as tk
```

```
root = tk.Tk()
def clicked():
    print('Button clicked! ')

button1 = tk.Button(root, text='Click me! ', command=clicked)
button1.pack()
root.mainloop()
```

运行效果如图 9-3 所示。

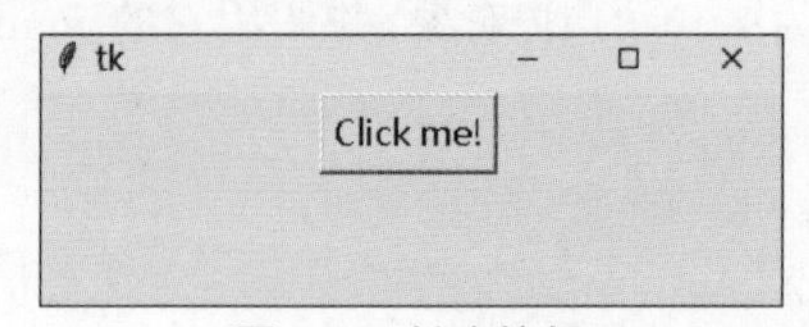

图 9-3　创建按钮

上述代码创建了一个名为 button1 的按钮，它显示了一段文本内容，并绑定了一个事件处理函数 clicked()，当按钮被单击时，会执行 clicked()函数。

9.1.4　创建文本框

文本框组件可以用来让用户输入或编辑文本，通过 Entry 类来创建。示例代码如文件 9.4 所示。

【文件 9.4】　9.4.py

```
import tkinter as tk

root = tk.Tk()
entry1 = tk.Entry(root)
entry1.pack()
root.mainloop()
```

运行结果如图 9-4 所示。

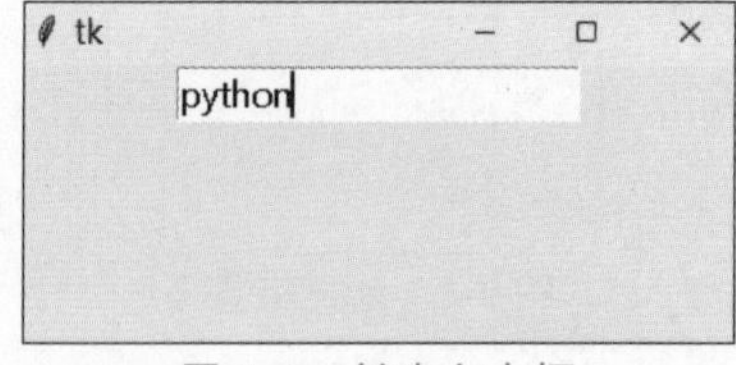

图 9-4　创建文本框

上述代码创建了一个名为 entry1 的文本框，并通过 pack()方法将文本框添加到主窗口中。

9.1.5　创建下拉菜单

下拉菜单组件可以用来提供多个选项供用户选择，通过 OptionMenu 类来创建。示例代码如文件 9.5 所示。

【文件 9.5】 9.5.py

```
import tkinter as tk

root =tk.Tk()
choices =['Option 1', 'Option 2', 'Option 3']
var =tk.StringVar(root)
var.set(choices[0])
menu1 =tk.OptionMenu(root, var, * choices)
menu1.pack()
root.mainloop()
```

上述代码创建了一个名为 menu1 的下拉菜单,并将选项列表传递给 OptionMenu 类的可变参数。在此示例中,第一个选项将作为默认值被设置,见图 9-5。

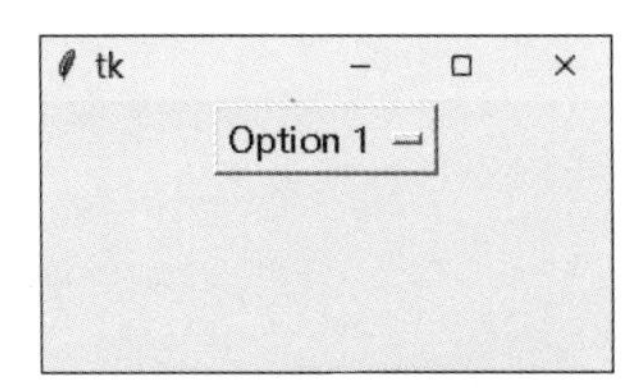

图 9-5　创建下拉菜单

以上是 tkinter 的基本用法及常用组件示例。tkinter 还有许多其他组件及属性,可以根据需求进行学习和使用。

9.1.6　创建输入框和获取输入值

创建输入框并获取输入的值的示例代码如文件 9.6 所示。

【文件 9.6】 9.6.py

```
import tkinter as tk

def get_input():
value =entry.get()
print("Input:", value)

window =tk.Tk()
entry =tk.Entry(window)
entry.pack()
button =tk.Button(window, text="Get Input", command=get_input)
button.pack()

window.mainloop()
```

在这个例子中,创建了一个输入框和一个按钮。当用户单击按钮时,会调用 get_input()函数,该函数从输入框中获取用户输入的值,并打印出来,效果如图 9-6 所示。

图 9-6　获取输入框中的值

9.1.7　创建复选框和获取选中状态

创建复选框和获取选中状态示例代码如文件 9.7 所示。

【文件 9.7】　9.7.py

```
import tkinter as tk

def check_state():
    if var.get() ==1:
        print("Checked")
    else:
        print("Unchecked")

window =tk.Tk()
var =tk.IntVar()
checkbox =tk.Checkbutton(window, text="Check Me", variable=var)
checkbox.pack()
button =tk.Button(window, text="Check State", command=check_state)
button.pack()
window.mainloop()
```

在这个示例中，创建了一个复选框，Check Me。当用户单击按钮时，调用 check_state()函数来检查复选框的状态。复选框的状态是由一个整型变量 var 来保存的，如果复选框被选中，var.get()会返回 1，否则返回 0。运行效果如图 9-7 所示。

图 9-7　获取复选框选中状态

9.1.8　创建单选按钮和获取选中的选项

创建单选按钮和获取选中的选项示例代码如文件 9.8 所示。

【文件 9.8】 9.8.py

```
import tkinter as tk

def get_selection():
    selected_option =option.get()
    print("Selected Option:", selected_option)

window =tk.Tk()
option =tk.StringVar()
option.set("Option 1")
radio1 =tk.Radiobutton(window, text="Option 1", variable=option, value="Option 1")
radio1.pack()
radio2 =tk.Radiobutton(window, text="Option 2", variable=option, value="Option 2")
radio2.pack()
button =tk.Button(window, text="Get Selection", command=get_selection)
button.pack()
window.mainloop()
```

在这个例子中,创建了两个单选按钮,选项分别为 Option 1 和 Option 2。option 是一个字符串变量,用于保存选中的选项。当用户单击按钮时,会调用 get_selection()函数来获取选中的选项,并将其打印出来。运行效果如图 9-8 所示。

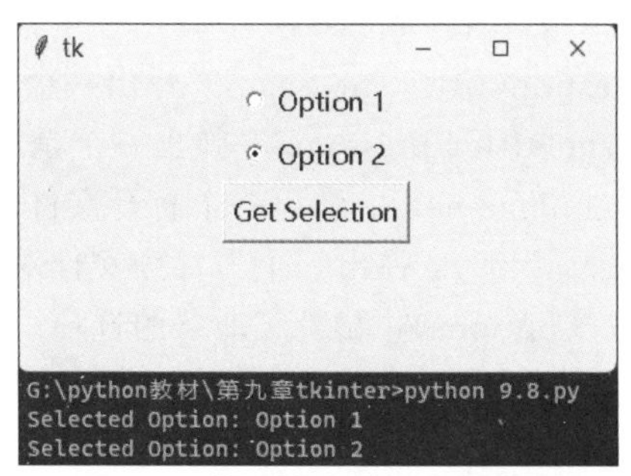

图 9-8 获取单选按钮选中选项

9.2 tkinter 常用命令补充

下面是 tkinter 中常用的命令方法的详细列表。

(1) after(delay_ms, callback):在指定延迟后执行回调函数。

(2) bind(event, callback):绑定指定事件和回调函数。

(3) button.config(* * options):配置按钮的选项。

(4) canvas.create_oval(x1, y1, x2, y2, * * options):在画布上创建椭圆。

(5) canvas.create_rectangle(x1, y1, x2, y2, * * options):在画布上创建矩形。

(6) canvas.create_text(x, y, * * options):在画布上创建文本。

(7) canvas.delete(item):删除画布上的指定项。

(8) canvas.itemconfig(item, * * options):配置画布上的指定项的选项。

(9) canvas.pack():将画布放置在窗口中。

(10) canvas.delete(ALL):删除画布上的所有内容。

(11) Entry.delete(first, last=None):删除输入框中的指定字符。

(12) Entry.get():获取输入框中的文本。

(13) frame.config(* * options):配置帧的选项。

(14) frame.pack():将帧放置在窗口中。

(15) Label.config(* * options):配置标签的选项。

(16) Label.pack():将标签放置在窗口中。

(17) Listbox.insert(index, * values):在列表框中的指定索引处插入项。

(18) Listbox.delete(first, last=None):删除列表框中的指定项。

(19) Listbox.get(索引):获取列表框中指定索引处的项。

(20) Menu.add_command(label, command):向菜单添加一个命令。

(21) Menu.add_separator():向菜单添加一个分隔线。

(22) Menu.add_cascade(label, menu):向菜单添加一个子菜单。

(23) Menu.add_checkbutton(label, variable):向菜单添加一个复选框。

(24) Menu.add_radiobutton(label, variable):向菜单添加一个单选按钮。

(25) messagebox.showinfo(title, message):弹出一个信息框。

(26) messagebox.showwarning(title, message):弹出一个警告框。

(27) messagebox.showerror(title, message):弹出一个错误框。

(28) messagebox.askquestion(title, message):弹出一个询问框。

(29) messagebox.askyesno(title, message):弹出一个是/否选择框。

(30) messagebox.askopenfilename():弹出一个打开文件对话框。

(31) messagebox.asksaveasfile():弹出一个另存为文件对话框。

(32) Scrollbar.config(* * options):配置滚动条的选项。

(33) Scrollbar.pack():将滚动条放置在窗口中。

(34) Text.insert(index, text):在文本框中的指定索引处插入文本。

(35) Text.delete(first, last=None):删除文本框中的指定内容。

(36) Text.get(start, end=None):获取文本框中的文本。

(37) Text.config(* * options):配置文本框的选项。

这只是 tkinter 提供的一部分命令方法,可以帮助实现各种功能。可以根据自己的需求使用官方文档等资源进一步学习和探索 tkinter 的更多功能和方法。

以下是一个 Python tkinter 进阶应用实例:一个简单的求和计算器,具体代码如文件 9.9 所示。

【文件 9.9】 9.9.py

```
import tkinter as tk
from tkinter import messagebox

class App(tk.Tk):
    def __init__(self):
        super().__init__()
        self.title("Calculator")
```

```
        self.geometry("300x200")
        self.create_widgets()
    def create_widgets(self):
        self.label =tk.Label(self, text="Enter two numbers:")
        self.label.pack()
        self.entry1 =tk.Entry(self)
        self.entry1.pack()
        self.entry2 =tk.Entry(self)
        self.entry2.pack()
        self.add_button =tk.Button(self, text="Add", command=self.add_numbers)
        self.add_button.pack()
    def add_numbers(self):
        try:
            num1 =float(self.entry1.get())
            num2 =float(self.entry2.get())
            result =num1 +num2
            messagebox.showinfo("Result", f"The sum is: {result}")
        except ValueError:
            messagebox.showerror("Error", "Invalid input. Please enter numbers.")


if __name__ =="__main__":
    app =App()
    app.mainloop()
```

运行结果如图 9-9 和图 9-10 所示。

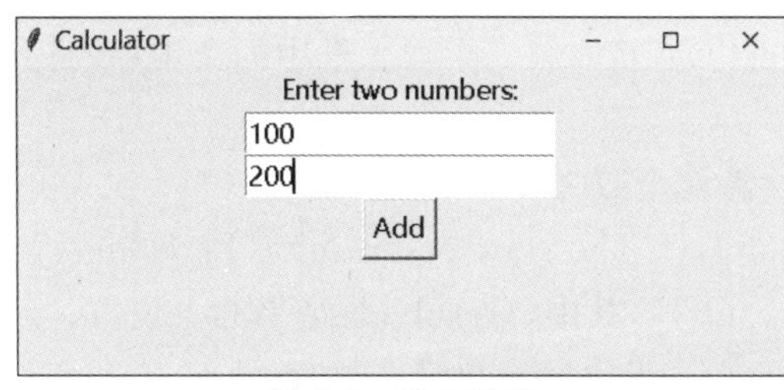

图 9-9　输入数字

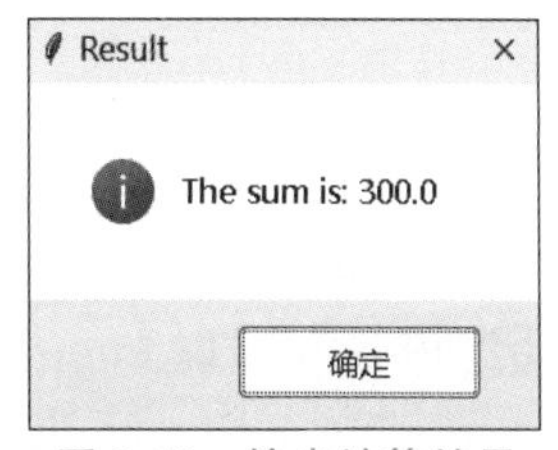

图 9-10　输出计算结果

以下是关于该代码的详细解读。

(1) import tkinter as tk：导入 tkinter 模块并重命名为 tk，用于创建 GUI 应用程序。

(2) from tkinter import messagebox：从 tkinter 模块中导入 messagebox 类，用于显示消息框。

(3) class App(tk.Tk)：定义名为 App 的类，继承自 tkinter 模块中的 Tk 类。这是一个自定义的窗口应用程序类。

(4) def __init__(self)：定义 App 类的构造函数，用于初始化窗口应用程序的属性和界面。

(5) super().__init__()：调用父类的构造函数，即 Tk 类的构造函数，用于创建主窗口。

(6) self.title("Calculator")：设置窗口的标题为 Calculator。

(7) self.geometry("300x200")：设置窗口的大小为 300×200px。

(8) self.create_widgets()：调用 create_widgets 函数，用于创建窗口中的控件。

(9) def create_widgets(self)：定义 create_widgets 函数，用于创建窗口中的标签、输入框和按钮。

(10) self.label = tk.Label(self, text="Enter two numbers:")：创建一个标签对象，将其放置在窗口的主窗格中。标签的文本为"Enter two numbers:"。

(11) self.label.pack()：将标签显示在窗口中。

(12) self.entry1 = tk.Entry(self)：创建一个输入框对象，将其放置在窗口的主窗格中。

(13) self.entry1.pack()：将输入框显示在窗口中。

(14) self.entry2 = tk.Entry(self)：创建第二个输入框对象，将其放置在窗口的主窗格中。

(15) self.entry2.pack()：将第二个输入框显示在窗口中。

(16) self.add_button = tk.Button(self, text="Add", command=self.add_numbers)：创建一个按钮对象，将其放置在窗口的主窗格中。按钮的文本为"Add"，单击按钮时调用 add_numbers 函数。

(17) self.add_button.pack()：将按钮显示在窗口中。

(18) def add_numbers(self)：定义 add_numbers 函数，用于在输入框中获取两个数字，将它们相加并显示在消息框中。

(19) num1 = float(self.entry1.get())：获取第一个输入框中的文本，并将其转换为浮点数。

(20) num2 = float(self.entry2.get())：获取第二个输入框中的文本，并将其转换为浮点数。

(21) result = num1 + num2：计算两个数之和。

(22) messagebox.showinfo("Result", f"The sum is: {result}")：显示一个消息框，标题为"Result"，内容为"The sum is: {result}"，其中，{result}是结果的占位符。

(23) except ValueError：当输入的文本无法转换为浮点数时，捕获 ValueError 异常。

(24) messagebox.showerror("Error", "Invalid input. Please enter numbers.")：显示一个错误消息框，标题为"Error"，内容为"Invalid input. Please enter numbers."。

(25) if __name__ == "__main__"：检查是否为主程序入口。

(26) app = App()：创建 App 类的实例，即一个窗口应用程序对象。

(27) app.mainloop()：启动窗口应用程序的主循环，用于监听和响应用户的事件，例如，鼠标单击、键盘按键等。

实训 9　简易登录系统界面

需求说明

使用 Python tkinter 创建一个简单的登录窗口，用户输入用户名和密码后，单击登录按钮可以进行验证。

训练要点

tkinter 库的使用,包括创建窗口、添加标签和按钮、获取输入框中的文本内容。

实现思路

(1) 运行这段代码时,首先会创建一个根窗口并设置其标题为“Login”,大小为 300×200px。接着,使用 Label 和 Entry 部件创建了一个“用户名”输入框和一个“密码”输入框。“用户名”输入框使用 pack()方法将其放置在窗口中;“密码”输入框通过 show="*"的设置,将输入的内容显示为"*",以保护密码的安全性。

解决方案及关键代码

```
def login():
    username =entry_username.get()
    password =entry_password.get()

if username =="admin" and password =="123456":
    result_label.config(text="Login Successful", fg="green")
else:
    result_label.config(text="Invalid Username or Password", fg="red")

root =tk.Tk()
root.title("Login")
root.geometry("300x200")
```

(2) 然后,创建了一个登录按钮,显示为“Login”,并设置了 command 参数为 login 函数。当按钮被单击时,会调用 login 函数。接下来,创建了一个结果标签,用于显示登录的结果。初始时为空,后面会通过修改其 text 属性来展示相应的结果。

解决方案及关键代码

```
#用户名标签和输入框
label_username =tk.Label(root, text="Username:")
label_username.pack()
entry_username =tk.Entry(root)
entry_username.pack()

#密码标签和输入框
label_password =tk.Label(root, text="Password:")
label_password.pack()
entry_password =tk.Entry(root, show="*")  #将密码显示为*
entry_password.pack()
#登录按钮
button_login =tk.Button(root, text="Login", command=login)
button_login.pack()

#结果标签
result_label =tk.Label(root, text="")
result_label.pack()
```

(3) 最后,调用 root.mainloop()来启动窗口的事件循环,以使窗口可以响应用户的操作。

小结

总结起来，tkinter 是一个强大且易于学习和使用的库，用于创建 Python 图形用户界面。通过创建窗口、添加组件、处理事件、布局管理和运行应用程序，可以快速构建交互式的 GUI 应用程序。同时，tkinter 提供了许多辅助功能，如对话框、画布、菜单和滚动条等，以满足更多的用户需求。

课后练习

1. 创建一个 tkinter 窗口，并将其标题设置为“Login”，大小为 400×300px。在窗口中添加一个标签，文本为“Username:”，并将其放置在窗口的左上角。

2. 创建一个 tkinter 窗口，并将其标题设置为“Button Click”。添加一个文本框和按钮，当单击按钮时，将文本框的内容输出到控制台。

第3篇

Python 应用篇

本篇主要讲解三部分内容，分别是 Python 常见模块、网络爬虫及应用、数据分析与可视化。

第一部分：Python 常见模块

在这一部分中，将介绍 Python 中一些常见的模块，包括 time 库、random 库和 turtle 库。time 库提供了与时间相关的功能，如获取当前时间、时间延迟等。random 库用于生成随机数，可以用于模拟随机事件或生成随机样本。turtle 库是一个绘图库，可以用来绘制简单的图形和动画。

第二部分：网络爬虫及应用

在这一部分中，将介绍如何使用 Python 进行网络爬虫。网络爬虫是一种自动化程序，可以浏览互联网并从网页中提取所需的数据。我们将学习如何使用 Python 中的相关库来发送 HTTP 请求，解析网页内容，并提取感兴趣的数据。此外，还将探讨网络爬虫的应用领域，如数据收集、信息监测等。

第三部分：数据分析与可视化

在这一部分中，将介绍使用 Python 进行数据分析和可视化的常用库，包括 numpy、pandas 和 Matplotlib。numpy 是一个用于科学计算的库，提供了多维数组对象和各种数学函数，方便进行数值计算和数据处理。pandas 是建立在 numpy 之上的数据分析库，提供了高效的数据结构和数据分析工具，可以轻松地处理和分析结构化数据。还将使用 Matplotlib 库来进行数据可视化，可以绘制各种统计图表，如散点图、直方图等，以便更好地理解和展示数据。

本篇对应的贯穿项目案例为：豆瓣电影评分数据爬取与分析。项目首先定义了爬取电影信息的函数 crawl_movie_info 和分析数据并进行可视化的函数 analyze_and_visualize。在主程序中，调用这两个函数来抓取网页、分析数据并展示结果。

环境要求：

- 要求使用 Python 编程语言和适合的集成开发环境(IDE)进行开发。
- 要求使用 Python 常见模块、Python 网络爬虫和 Python 数据分析与可视化来实现编程要求。

第10章 Python常见模块

本章重点介绍 Python 的常见模块，包括 time 模块、random 模块和 turtle 模块。

第一部分：time 模块

在这一部分中，将介绍 time 模块的功能和用法。time 模块提供了与时间相关的功能，如获取当前时间、时间延迟和时间格式转换等。我们将学习如何使用 time 模块来测量程序的执行时间、处理时间戳和日期，以及进行时间转换的操作。

第二部分：random 模块

在这一部分中，将介绍 random 模块的功能和用法。random 模块是一个强大的随机数生成模块，可以用于生成随机数、选择随机样本、模拟随机事件等。我们将学习如何使用 random 模块的不同应用，如随机整数、随机混排等。

第三部分：turtle 模块

在这一部分中，将介绍 turtle 模块的功能和用法。turtle 模块是一个简单而有趣的绘图模块，通过控制海龟图形的移动和绘制，可以创建各种图形和动画效果。我们将学习如何使用 turtle 模块来绘制直线、图形、填充颜色以及五角星的生成。

通过学习这些常见模块，读者将能够掌握处理时间、生成随机数以及绘图的基本技巧。这些模块在 Python 编程中具有广泛的应用，可以帮助我们解决各种实际问题和开发有趣的应用程序。我们将结合这些模块的使用，帮助读者深入理解 Python 编程的核心概念和技巧，并逐步扩展到其他方面的学习，如数据处理、网络编程和数据可视化等。

10.1 time 模块

Python 提供了丰富的数据类型和库函数，包括用于日期处理的模块和函数，主要包括 datetime、calendar 和 time 模块。

datetime 模块包含各种用于日期和时间处理的类，可以进行日期的创建、计算和格式化等操作。通过 datetime 模块,可以方便地处理日期和时间,如获取当前日期和时间、计算日期的差值、格式化日期字符串等。

calendar 模块包含用于处理日历的函数和类。使用 calendar 模块,可以获取特定年份或月份的日历信息,如某一天是星期几、某个月有多少天等。通过这些功能,可以方便地进行日历相关的计算和展示。

time 模块包含用于处理时间的常用函数。通过 time 模块,可实现获取当前时间戳、时间延迟、格式化时间字符串等功能。可以使用 time 模块来进行时间相关的操作,如计算程序的执行时间、进行时间延迟等。

time、datetime 和 calendar 模块提供了丰富的日期和时间处理功能。可以根据具体需求选择适合的模块来处理时间相关的操作。其中,time 模块适用于基本的时间处理,datetime 模块提供了更高级的日期时间处理功能,而 calendar 模块则用于处理日历相关的需求。通过灵活运用这些模块,可以轻松处理日期、时间和日历等任务。因此,本节重点介绍 time 模块的相关内容,感兴趣的读者可延伸到其他两个模块的内容。

10.1.1 struct_time 对象

time 模块可通函数 gmtime()、localtime()和 strptime()获得 struct_time 对象,该对象是一个命名元组,包含以"tm_"开头的字段属性,常用的包括 tm_year(年)、tm_mon(月)、tm_mday(日)、tm_hour(时)、tm_min(分)、tm_sec(秒)、tm_wday(星期)、tm_yday(当前所处的天数)和 tm_zone(时区)等。

图 10-1 程序 10-1 文件

建议选择一个比较干净的目录,例如进入 C:\code\chapter10,然后创建一个名称为 code10_1.py 的文本文件,如图 10-1 所示。

用 PyCharm 打开此文件,输入的源代码如文件 10.1 所示。

【文件 10.1】 code10_1.py

```
1.  import time
2.  t =time.gmtime()
3.  print(t)
```

在上面的代码中,第 1 行使用了 import 关键字来导入 Python 的 time 模块,该模块提供了与时间相关的函数和类。

第 2 行创建了一个变量 t,并将 time.gmtime()赋值给它。time.gmtime()是 time 模块中的一个函数,它返回当前的时间的结构化表示,以 UTC(Coordinated Universal Time,协调世界时)为基准。

第 3 行使用 print()函数将变量 t 的值进行输出。

在 PyCharm 中,运行此程序后可输出当前的时间信息,具体如图 10-2 所示。

```
D:\ProgramData\Anaconda3\python.exe C:\code\chapter10\code10_1.py
time.struct_time(tm_year=2023, tm_mon=8, tm_mday=14, tm_hour=13, tm_min=4, tm_sec=41, tm_wday=0, tm_yday=226, tm_isdst=0)
```

图 10-2 code 10-1.py 运行结果

10.1.2 time 模块的常用函数

如 code10_1.py 所示，当使用 time 模块时需要通过"import time"来进行加载，然后可对其进行调用，time 模块常用的属性和函数可概括如下。

```
time.tzname
```

获取时区名，运行效果如下。

```
>>>print(time.tzname)
('中国标准时间', '中国夏令时')
```

1. time.timezone

获取时区，表示相对于 UTC 的时差(秒)，运行效果如下。

```
>>>print(time.timezone)
-28800
```

2. time.time()

获取当前时间的时间戳(秒)，表示 1970 纪元后经过的浮点秒数，运行效果如下。

```
>>>print(time.time())
1689742102.7808106
```

3. time.gmtime()

获取当前时间的 struct_time 对象，以 UTC 为基准，运行效果如下。

```
>>>print(time.gmtime())
time.struct_time(tm_year=2023, tm_mon=7, tm_mday=19, tm_hour=4, tm_min=53,
    tm_sec=48, tm_wday=2, tm_yday=200, tm_isdst=0)
```

4. time.localtime()

获取当前时间的 struct_time 对象，以本地时区为基准，运行效果如下。

```
>>>print(time.localtime())
time.struct_time(tm_year=2023, tm_mon=7, tm_mday=19, tm_hour=12, tm_min=55,
    tm_sec=43, tm_wday=2, tm_yday=200, tm_isdst=0)
```

5. time.ctime()

获取当前时间的字符串，运行效果如下。

```
>>>print(time.ctime())
Wed Jul 19 12:57:57 2023
```

6. time.asctime([t])

将 struct_time 对象转换为日期字符串，默认为当前时间，运行效果如下。

```
>>>print(time.asctime(time.localtime()))
Wed Jul 19 13:01:31 2023
```

7. time.mktime([t])

将 struct_time 对象转换为本地时间戳(秒),默认为当前时间戳,运行效果如下。

```
>>>print(time.mktime(time.localtime()))
1689742991.0
```

8. time.sleep([s])

将当前线程休眠指定的时间(秒),运行效果如下。

```
>>>print(time.ctime())
Wed Jul 19 13:06:37 2023
>>>time.sleep(10)
>>>print(time.ctime())
Wed Jul 19 13:06:47 2023
```

9. time.process_time()

获取当前进程处理器运行时间,可使用两处的时间差来计算运行耗时,但需注意不包括sleep()休眠时间期间所经过的时间,运行效果如下。

```
>>>s=time.process_time()
>>>arr=[i * i for i in range(0,100000)]
>>>e=time.process_time()
>>>print(e-s)
0.25
```

10. time.strptime(string, [format])

将字符串转换为 struct_time 对象,默认以本地时区为基准,具体参见 10.1.3 节。

11. time.strftime(format, [t])

将 struct_time 对象转换为字符串,默认当前时间,具体参见 10.1.3 节。

下面以统计循环求和程序耗时为例,演示 time 库函数的应用。首先进入文件夹 C:\code\chapter10,然后创建一个名称为 code10_2.py 的文本文件,用 PyCharm 打开此文件,代码如文件 10.2 所示。

【文件 10.2】 code10_2.py

```
1.  import time
2.  start_time =time.time()
3.  s =0
4.  for i in range(0,1000001):
5.      s=s+i
6.  end_time =time.time()
7.  print('1+2+…+1000000 =',s,'耗时 ',end_time-start_time,'s')
```

在上面的代码中,第 1 行使用了 import 关键字来导入 Python 的 time 模块,该模块提供了与时间相关的函数和类。

第 2 行创建了一个变量 start_time，并将 time.time()的返回值赋值给它。其中，time.time()函数返回当前的时间戳，即自 1970 年 1 月 1 日以来经过的秒数。

第 3 行创建了一个变量 s，并将其初始化为 0。

第 4、5 行使用 for 循环来迭代从 0 到 1000000 的范围，并将每个数字与变量 s 相加。此段循环的目的是计算从 1 到 1000000 的累加和。

第 6 行创建了一个变量 end_time，并将 time.time()的返回值赋值给它，以记录循环结束后的时间。

第 7 行使用 print()函数将计算结果和耗时信息进行输出。

在 PyCharm 中，运行此程序后可输出求和与耗时信息，具体如图 10-3 所示。

```
D:\ProgramData\Anaconda3\python.exe C:\code\chapter10\code10_2.py
1+2+…+1000000 = 500000500000 耗时  0.31219005584716797 s
```

图 10-3　code 10-2.py 运行结果

10.1.3　time 模块的格式化输出

根据 10.1.2 节的介绍，time 模块可通过 strptime()函数将字符串转换为 struct_time 对象，通过 strftime()函数将 struct_time 对象格式化输出为字符串。常用的格式化规则如表 10-1 所示。

表 10-1　time 格式化规则说明

格式化符号	说　明	格式化符号	说　明
%Y	年，对应 4 位数	%y	年，对应两位数，00～99
%m	月，01～12	%I	小时，12 小时制，00～12
%d	天，01～31	%A	本地化星期名称（全称）
%H	小时，24 小时制，00～23	%a	本地化星期名称（简称）
%M	分，00～59	%B	本地化月份名称（全称）
%S	秒，00～61（基于 Posix 标准）	%b	本地化月份名称（简称）

下面以时间格式化转换为例，演示 time 的格式化对应规则。首先进入文件夹 C:\code\chapter10，然后创建一个名称为 code10_3.py 的文本文件，用 PyCharm 打开此文件，代码如文件 10.3 所示。

【文件 10.3】　code10_3.py

```
1.  import time
2.  print(time.strftime('%c', time.localtime()))
3.  print(time.strftime('%Y-%m-%d %H:%M:%S', time.localtime()))
4.  print(time.strptime('19 Jul 2023', '%d %b %Y'))
```

在上面的代码中，第 1 行使用了 import 关键字来导入 Python 的 time 模块，该模块提供了与时间相关的函数和类。

第 2 行使用 print()函数将时间的字符串表示以特定格式输出到控制台。其中，time.

strftime()函数用于将时间格式化为字符串,'%c'参数表示按照本地的日期和时间格式输出当前时间。

第 3 行使用 print()函数将时间的字符串表示以特定格式输出到控制台。其中,'%Y-%m-%d %H:%M:%S'参数表示按照指定的格式输出当前时间的年、月、日、时、分、秒。

第 4 行使用 print()函数将时间的字符串表示以特定格式输出到控制台。其中,time.strptime()函数用于将字符串解析为时间对象,它接收两个参数,第一个参数是要解析的字符串,第二个参数是指定的时间格式'%d %b %Y',表示将日期解析为日、月、年的格式。

在 PyCharm 中,运行此程序后可输出时间转换结果,具体如图 10-4 所示。

```
D:\ProgramData\Anaconda3\python.exe C:\code\chapter10\code10_3.py
Mon Aug 14 21:07:26 2023
2023-08-14 21:07:26
time.struct_time(tm_year=2023, tm_mon=7, tm_mday=19, tm_hour=0, tm_min=0, tm_sec=0, tm_wday=2, tm_yday=200, tm_isdst=-1)
```

图 10-4 code 10-3.py 运行结果

10.2 random 模块

random 模块是 Python 的标准库之一,无须额外安装。它提供了丰富的函数和类,用于生成随机数和选择随机样本。random 模块中的大部分函数都基于 random()函数,该函数使用 Mersenne Twister 生成器来生成一致分布的随机值,范围为[0.0, 1.0)。

10.2.1 随机数种子

random 模块中的 seed()函数可以用来设置伪随机数生成器的种子。它的基本形式为

```
random.seed(a=None, version=2)
```

其中,参数 a 为种子值。当没有指定 a 时,seed()函数会使用系统时间作为种子值;如果指定了一个整数 a 作为种子值,则直接使用该整数作为种子;如果 a 不是整数且 version=2,则将 a 转换为整数后使用;否则,使用 a 的哈希值作为种子。

通过设置相同的种子值,每次运行程序时生成的随机数序列将是相同的(因此被称为伪随机数)。这种特性可以用于实现可重复的随机数序列,方便调试和重现结果。

下面以随机数种子的设置为例,演示其对随机数生成的影响。首先进入文件夹 C:\code\chapter10,然后创建一个名称为 code10_4.py 的文本文件,用 PyCharm 打开此文件,输入以下源代码。

【文件 10.4】 code10_4.py

```
1.  import random
2.  random.seed(2023)
3.  print([random.randint(1,10) for i in range(10)])
4.  print([random.randint(1,10) for i in range(10)])
5.  random.seed(2023)
6.  print([random.randint(1,10) for i in range(10)])
```

在上面的代码中,第 1 行使用了 import 关键字来导入 Python 的 random 模块,该模块提供了生成随机数的函数和类。

第 2 行使用 random.seed(2023)设置了随机数生成器的种子为 2023。通过调用 seed()函数并传入种子值,可以控制随机数的生成,使其在相同种子值下具有可预测性。

第 3 行使用列表推导式生成一个包含 10 个随机整数的列表。通过调用 random.randint(1,10)函数,在 1～10 之间生成随机整数,并将其添加到列表中。其中,列表推导式是一种简洁的语法,可用于在一行代码中生成列表。

第 4 行与第 3 行类似,再次生成一个包含 10 个随机整数的列表。

第 5 行使用 random.seed(2023)再次设置了随机数生成器的种子为 2023。这样做是为了演示在相同种子值下生成相同的随机数序列。

第 6 行再次使用列表推导式生成一个包含 10 个随机整数的列表。由于种子值相同,这里生成的随机数序列与第 3 行相同。

在 PyCharm 中,运行此程序后可输出随机数种子设置下的随机数情况,具体如图 10-5 所示。

```
D:\ProgramData\Anaconda3\python.exe C:\code\chapter10\code10_4.py
[7, 8, 7, 6, 10, 10, 6, 2, 2, 5]
[9, 9, 5, 3, 4, 3, 1, 4, 6, 2]
[7, 8, 7, 6, 10, 10, 6, 2, 2, 5]
```

图 10-5 code 10-4.py 运行结果

通过 code 10-4.py 可以发现,使用 seed()函数可以控制随机数的生成,使其在相同种子值下具有可预测性。这在某些情况下很有用,例如,需要确保随机性的可重复性或进行随机性测试。

10.2.2 随机整数

如 code10_4.py 所示,当使用 random 模块时需要通过"import random"来进行加载,然后可对其进行调用,random 模块也提供了多个用于生成随机整数的函数。在使用 random 模块生成随机整数时,可根据具体需求选择合适的函数。以下是常用的生成随机整数的函数。

```
random.randrange(end)
```

获取随机整数,范围是[0, end),运行效果如下。

```
>>>for i in range(5):
print(random.randrange(10),end=' ')
1 8 0 7 8
```

1. random.randrange(start, end, [step])

获取随机整数,范围是[start, end, step),运行效果如下。

```
>>>for i in range(5):
        print(random.randrange(1,10,2),end=' ')
7 7 3 3 1
```

2. random.randint(start, end)

获取随机整数,范围是[start, end],等价于 random.randrange(start, end+1),运行效果如下。

```
>>> for i in range(5):
        random.randint(1,10)
9 4 10 9 2
```

下面以猜数游戏为例,演示随机整数的应用。首先进入文件夹 C:\code\chapter10,然后创建一个名称为 code10_5.py 的文本文件,用 PyCharm 打开此文件,输入以下源代码。

【文件 10.5】 code10_5.py

```
1.  import random
2.  x = random.randint(1,100) # 获取 1~ 100 的随机整数
3.  while True:
4.      y = int(input('请输入一个不超过 100 的正整数:'))
5.      if y == x:
6.          print('猜对了! ')
7.          break
8.      elif y > x:
9.          print('猜大了! ')
10.     else:
11.         print('猜小了! ')
```

在上面的代码中,第 1 行使用了 import 关键字来导入 Python 的 random 模块,该模块提供了生成随机数的函数和方法。

第 2 行使用 random.randint(1,100)函数生成一个范围为 1~100 的随机整数,并将其赋值给变量 x。

第 3 行开始一个 while 循环,用于进行猜数字的游戏。while True 表示无限循环,直到条件满足跳出循环。

第 4 行使用 int(input('请输入一个不超过 100 的正整数:'))语句获取用户输入的一个不超过 100 的正整数,并将其转换为整数类型,并将其赋值给变量 y。

第 5 行使用条件判断语句 if 判断用户输入的数 y 是否等于生成的随机数 x。如果相等,则执行下一行的代码。

第 6 行使用 print('猜对了! ')语句输出猜对了的提示信息。

第 7 行使用 break 语句跳出 while 循环,游戏结束。

第 8 行使用条件判断语句 elif 判断用户输入的数 y 是否大于生成的随机数 x。如果大于,则执行下一行的代码。

第 9 行使用 print('猜大了! ')语句输出猜大了的提示信息。

第 10 行判断如果用户输入的数 y 既不等于 x,也不大于 x,则执行下一行的代码。

第 11 行使用 print('猜小了! ')语句输出猜小了的提示信息。然后程序继续回到第 3 行,继续等待用户输入,直到猜对为止。

在 PyCharm 中,运行此程序后可输出猜数字的过程,具体如图 10-6 所示。

通过 code 10-5.py 实现了一个猜数字的小游戏,使用 random 模块的 randint()函数生

```
D:\ProgramData\Anaconda3\python.exe C:\code\chapter10\code10_5.py
请输入一个不超过100的正整数:50
猜大了!
请输入一个不超过100的正整数:25
猜小了!
请输入一个不超过100的正整数:38
猜小了!
请输入一个不超过100的正整数:45
猜小了!
请输入一个不超过100的正整数:48
猜对了!
```

图 10-6 code 10-5.py 运行结果

成一个随机整数作为目标数 x，然后通过循环不断获取用户输入的数 y，并进行比较判断。根据用户的输入，程序给出相应的提示信息，直到用户猜对为止。

10.2.3 随机抽取

random 模块不仅提供了用于生成随机数功能，还包含随机抽取数据的函数，可用于从序列中随机抽取数据。以下是常用的随机抽取的函数。

1. random.choice(arr)

获取从序列 arr 中随机抽取的元素，运行效果如下。

```
>>>seq=[1,3,5,7,9,11]
>>>print(random.choice(seq))
7
```

2. random.sample(arr,k)

获取从序列 arr 中随机抽取的 k 个元素，运行效果如下。

```
>>>seq=[1,3,5,7,9,11]
>>>print(random.sample(seq,2))
[9, 3]
```

3. random.shuffle(arr)

对序列 arr 进行随机混排，运行效果如下。

```
>>>seq=[1,3,5,7,9,11]
>>>print(seq)
[1, 3, 5, 7, 9, 11]
>>>random.shuffle(seq)
>>>print(seq)
[7, 5, 11, 9, 1, 3]
```

下面以发牌游戏为例，演示随机抽取的应用。首先进入文件夹 C:\code\chapter10，然后创建一个名称为 code10_6.py 的文本文件，用 PyCharm 打开此文件，输入以下源代码。

【文件 10.6】 code10_6.py

```
1.  import random
```

```
2.  arr=['大王','小王'] #初始化扑克牌
3.  for i in range(1,14):
4.      if i ==1:
5.          arr.extend(['梅花 A','方块 A','黑桃 A','红桃 A'])
6.      elif i>1 and i <11:
7.          arr.extend(['梅花'+str(i),'方块'+str(i),'黑桃'+str(i),'红桃'+str(i)])
8.      elif i==11:
9.          arr.extend(['梅花 J', '方块 J', '黑桃 J', '红桃 J'])
10.      elif i==12:
11.          arr.extend(['梅花 Q', '方块 Q', '黑桃 Q', '红桃 Q'])
12.      elif i==13:
13.          arr.extend(['梅花 K', '方块 K', '黑桃 K', '红桃 K'])
14.  random.shuffle(arr) #随机洗牌
15.  p1 =[] #初始化 1 号牌友
16.  p2 =[] #初始化 2 号牌友
17.  p3 =[] #初始化 3 号牌友
18.  p4 =[] #初始化 4 号牌友
19.  for i in range(13):
20.      p1.append(arr.pop()) #模拟 1 号牌友取牌
21.      p2.append(arr.pop()) #模拟 2 号牌友取牌
22.      p3.append(arr.pop()) #模拟 3 号牌友取牌
23.      p4.append(arr.pop()) #模拟 4 号牌友取牌
24.  print(p1)
25.  print(p2)
26.  print(p3)
27.  print(p4)
```

在上面的代码中,第 1 行使用了 import 关键字来导入 Python 的 random 模块,该模块提供了生成随机数的函数和方法。

第 2 行定义了一个列表 arr,用于存储扑克牌的信息,初始化时包含两张王牌。

第 3 行开始一个 for 循环,遍历从 1 到 13 的范围。

第 4 行使用条件判断语句 if 判断当前循环变量 i 是否等于 1,如果满足条件则执行下一行的代码。

第 5 行使用 arr.extend(['梅花 A','方块 A','黑桃 A','红桃 A'])语句将 4 张 A 牌加入列表 arr 中。

第 6 行判断如果当前循环变量 i 不等于 1,并且在 2 到 10 之间(包括 2 和 10),则执行下一行的代码。

第 7 行使用 arr.extend(['梅花'+str(i),'方块'+str(i),'黑桃'+str(i),'红桃'+str(i)])语句将相应数字的牌加入列表 arr 中。

第 8 行判断如果当前循环变量 i 等于 11,则执行下一行的代码。

第 9 行使用 arr.extend(['梅花 J', '方块 J', '黑桃 J', '红桃 J'])语句将 4 张 J 牌加入列表 arr 中。

第 10 行判断如果当前循环变量 i 等于 12,则执行下一行的代码。

第 11 行使用 arr.extend(['梅花 Q', '方块 Q', '黑桃 Q', '红桃 Q'])语句将 4 张 Q 牌加入列表 arr 中。

第 12 行判断如果当前循环变量 i 等于 13，则执行下一行的代码。

第 13 行使用 arr.extend(['梅花 K', '方块 K', '黑桃 K', '红桃 K'])语句将 4 张 K 牌加入列表 arr 中。

第 14 行使用 random.shuffle(arr)函数将列表 arr 中的牌进行随机洗牌，打乱顺序。

第 15～18 行分别初始化了 4 个列表 p1、p2、p3、p4，用于模拟 4 位牌友的手牌。

第 19 行开始一个 for 循环，循环 13 次，模拟每位牌友依次从洗好的牌堆中取牌。

第 20～23 行分别使用 p1.append(arr.pop())语句将从列表 arr 中取出的牌添加到对应的牌友手牌列表中，并将取出的牌从列表 arr 中移除。

第 24～27 行分别使用 print()语句输出 4 位牌友的手牌。

在 PyCharm 中，运行此程序后可输出随机发牌的结果，具体如图 10-7 所示。

```
D:\ProgramData\Anaconda3\python.exe C:\code\chapter10\code10_6.py
['方块K', '方块7', '梅花K', '梅花2', '梅花4', '黑桃5', '黑桃8', '梅花10', '黑桃10', '红桃10', '黑桃K', '红桃6', '梅花Q']
['黑桃A', '梅花8', '方块9', '方块3', '梅花9', '黑桃J', '小王', '方块J', '梅花A', '红桃5', '黑桃4', '方块A', '方块6']
['红桃9', '红桃A', '方块8', '梅花7', '黑桃6', '红桃J', '梅花6', '红桃3', '红桃2', '红桃Q', '红桃7', '红桃K', '梅花3']
['大王', '红桃4', '黑桃2', '梅花J', '方块Q', '方块4', '红桃8', '方块2', '方块5', '黑桃7', '黑桃Q', '方块10', '黑桃9']
```

图 10-7　code 10-6.py 运行结果

通过 code 10-6.py 模拟了一副扑克牌的洗牌和发牌过程。通过使用 random 模块的 shuffle()函数将牌堆中的牌进行随机洗牌，然后模拟 4 位牌友依次从洗好的牌堆中取牌，将取到的牌添加到对应的手牌列表中。最后，使用 print()函数输出每位牌友的手牌。

10.3　turtle 模块

turtle 模块是 Python 的标准库之一，无须额外安装。它是一个图形绘制函数库，它提供了一种直观有趣的方式来绘制图形。通过使用 turtle 模块，可以使用简单的指令来控制一个虚拟的海龟(turtle)在画布上绘制图形。海龟可以向前或向后移动，可以旋转方向，可以提起或放下画笔，还可以改变画笔的颜色和粗细。通过组合和重复这些指令，可以绘制出各种形状、图案和艺术作品。

10.3.1　turtle 绘图流程

turtle 模块绘制图形可以视作一个小海龟在坐标系中爬行，其爬行轨迹形成了绘制图形。因此，使用 turtle 模块绘制图形的基本步骤可总结如下。

第 1 步，创建画布和小海龟：导入 turtle 模块，创建一个画布，并创建一个小海龟用于绘制图形。

第 2 步，小海龟的初始状态设置：设置小海龟的初始位置和初始方向，通常将小海龟放置在画布的中央，初始方向为水平向右。

第 3 步，绘制图形：通过调用 turtle 模块提供的函数和方法，控制小海龟在画布上移动，从而绘制出所需的图形。

第 4 步，关闭画布：绘制完成后，关闭画布以结束绘图过程。

下面以绘制基础坐标系为例，演示 turtle 绘图的应用。首先进入文件夹 C:\code\

chapter10，然后创建一个名称为 code10_7.py 的文本文件，用 PyCharm 打开此文件，输入以下源代码。

【文件 10.7】 code10_7.py

```
1.  import turtle
2.  screen =turtle.Screen()                    #创建画布
3.  t =turtle.Turtle()                         #创建小海龟
4.  t.penup()                                  #抬起画笔，不绘制轨迹
5.  t.goto(0, 0)                               #将小海龟移动到坐标(0, 0)
6.  t.pendown()                                #放下画笔，准备绘制轨迹
7.  t.forward(200)                             #向前移动 200 个单位
8.  t.backward(400)                            #向后移动 400 个单位
9.  t.goto(0, 0)                               #回到坐标原点
10.  t.left(90)                                #向左旋转 90°
11.  t.forward(200)                            #向前移动 200 个单位
12.  t.backward(400)                           #向后移动 400 个单位
13.  turtle.done()                             #关闭画布
```

在上面的代码中，第 1 行代码导入 turtle 模块，这将能够使用 turtle 库中的函数和类来进行图形绘制。

第 2 行创建一个画布，使用 turtle 模块中的 Screen()函数来创建一个名为 screen 的画布对象。

第 3 行创建一个小海龟对象，使用 turtle 模块中的 Turtle()类来创建一个名为 t 的小海龟对象。

第 4 行抬起画笔，这意味着小海龟在移动时不会绘制轨迹，使用小海龟对象 t 的 penup()方法实现此操作。

第 5 行将小海龟移动到坐标(0, 0)，使用小海龟对象 t 的 goto()方法将小海龟移动到指定的坐标。

第 6 行放下画笔，准备绘制轨迹。通过调用小海龟对象 t 的 pendown()方法，放下了画笔，这样小海龟在移动时将绘制轨迹。

第 7 行向前移动 200 个单位，使用小海龟对象 t 的 forward()方法让小海龟向前移动指定的距离。

第 8 行向后移动 400 个单位，使用小海龟对象 t 的 backward()方法让小海龟向后移动指定的距离。

第 9 行回到坐标原点，使用小海龟对象 t 的 goto()方法将小海龟移动回坐标原点(0, 0)。

第 10 行向左旋转 90°，通过调用小海龟对象 t 的 left()方法，使小海龟向左旋转指定的角度。

第 11 行向前移动 200 个单位，使用小海龟对象 t 的 forward()方法，小海龟再次向前移动了指定的距离。

第 12 行向后移动 400 个单位，通过调用小海龟对象 t 的 backward()方法，小海龟向后移动了指定的距离。

第 13 行关闭画布，使用 turtle 模块中的 done()函数，关闭了画布，绘图过程结束。

在 PyCharm 中，运行此程序后可产生绘制坐标系的动作，具体如图 10-8 所示。

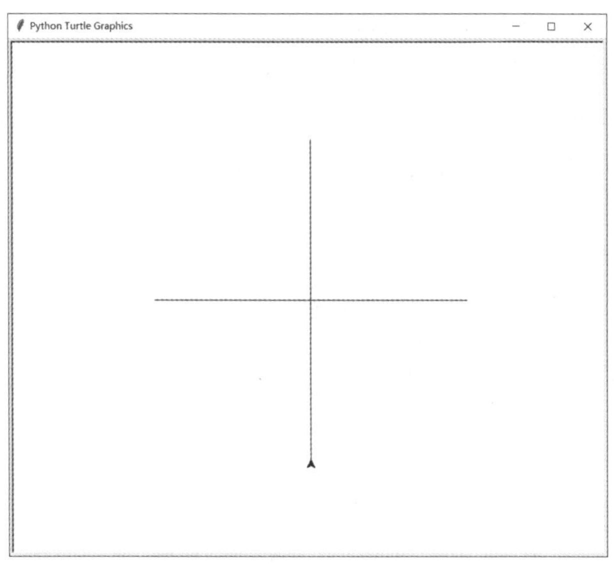

图 10-8　code 10-7.py 运行结果

通过 code 10-7.py 实现了绘制一个坐标系的功能。小海龟作为绘图的工具，根据给定的指令进行移动，从而在画布上绘制出所需的图形。这样的可视化编程方式使得图形绘制变得更加直观和有趣。

10.3.2　turtle 画笔控制

turtle 模块提供了一些用于控制画笔的函数，可以根据需求来改变画笔的状态和行为。在使用 turtle 模块进行画笔控制时，可根据具体需求选择合适的函数。以下是常用的画笔控制函数。

1. 抬起画笔

使用 t.penup()函数可以将画笔抬起，即在移动过程中不绘制轨迹。

2. 放下画笔

使用 t.pendown()函数可以放下画笔，准备绘制轨迹。

3. 设置画笔颜色

使用 t.pencolor(color)函数可以设置画笔的颜色，其中，color 可以是字符串表示的颜色名称(如"red"、"blue"等)或 RGB 元组表示的颜色值(如(255, 0, 0)表示红色)。

4. 设置画笔宽度

使用 t.pensize(width)函数可以设置画笔的宽度，其中，width 为正整数，表示画笔的线条宽度。

5. 设置画笔移动速度

使用 t.speed(speed)函数可以设置画笔的移动速度，其中，speed 为 0～10 的整数，数值越大表示移动速度越快。

6. 设置画笔形状

使用 t.shape(shape)函数可以设置画笔的形状,其中,shape 可以是预定义的形状名称(如"turtle"、"circle"等)或自定义的形状图像。

7. 设置画笔填充颜色

使用 t.fillcolor(color)函数可以设置画笔填充的颜色,其中,color 的取值方式与设置画笔颜色相同。

8. 开始填充区域

使用 t.begin_fill()函数可以开始填充区域。

9. 结束填充区域

使用 t.end_fill()函数可以结束填充区域。

10. 清空画布

使用 t.clear()函数可以清空画布,将画布恢复到初始状态。

综上所述,这些是 turtle 库中常用的一些画笔控制函数,通过调用这些函数可以灵活地控制画笔的状态和行为,从而实现不同的图形绘制效果。

10.3.3 turtle 形状控制

turtle 模块提供了一些用于控制形状的函数,可以根据需求来改变画笔的形状。在使用 turtle 模块进行形状控制时,可根据具体需求选择合适的函数。以下是常用的形状控制函数。

1. 设置画笔形状

使用 t.shape(shape)函数可以设置画笔的形状,其中,shape 可以是预定义的形状名称(如"turtle"、"circle"等)或自定义的形状图像。

2. 自定义形状

使用 t.register_shape(name, shape=None)函数可以注册自定义的形状图像,其中,name 为形状的名称,shape 为形状的坐标列表。自定义形状可以通过在一个坐标系中定义多个点来创建。

3. 设置形状大小

使用 t.shapesize(stretch_wid=None, stretch_len=None, outline=None)函数可以设置形状的大小,stretch_wid 为纵向拉伸因子,stretch_len 为横向拉伸因子,outline 为形状的轮廓线宽度。

4. 获取形状列表

使用 t.getshapes()函数可以获取已注册的形状名称列表。

综上所述,这些是 turtle 库中常用的一些形状控制函数,可以根据需要选择合适的形状来绘制图形。预定义的形状可以直接使用,而自定义形状则可以通过注册和定义坐标来创建。形状的大小可以根据需求进行调整,从而实现更灵活多样的图形绘制效果。

10.3.4 turtle 绘制复杂图形

在使用 turtle 库绘制图形前，可以对画笔进行一些设置，包括颜色、尺寸和初始位置等。然后利用 turtle 库的绘图功能，可以绘制各种形状和图案。以下是利用 turtle 库绘制五角星并设置填充颜色的步骤。

1. 导入 turtle 库

首先，需要导入 turtle 库，使其可用于图形绘制。

2. 创建画布和画笔

使用 turtle.Screen()函数创建一个画布，然后使用 turtle.Turtle()函数创建一个画笔。

3. 设置画笔的颜色和尺寸

使用 t.pencolor(color)函数设置画笔的颜色，其中，color 可以是预定义的颜色名称或 RGB 值。使用 t.pensize(size)函数设置画笔的尺寸，其中，size 为画笔的线宽。

4. 设置填充颜色

使用 t.begin_fill()函数开始填充颜色，然后使用 t.fillcolor(color)函数设置填充的颜色。

5. 绘制五角星

利用循环语句和画笔的移动函数，绘制五角星的轮廓。

6. 结束填充颜色

使用 t.end_fill()函数结束填充颜色。

7. 隐藏画笔

使用 t.hideturtle()函数隐藏画笔。

8. 关闭画布

使用 turtle.done()函数关闭画布。

下面以绘制红色五角星为例，演示 turtle 绘制复杂的应用。首先进入文件夹 C:\code\chapter10，然后创建一个名称为 code10_8.py 的文本文件，用 PyCharm 打开此文件，输入以下源代码。

【文件 10.8】 code10_8.py

```
1.  import turtle
2.  screen =turtle.Screen()                #创建画布
3.  t =turtle.Turtle()                     #创建画笔
4.  t.pencolor("black")                    #设置画笔颜色
5.  t.pensize(2)                           #设置画笔尺寸
6.  t.begin_fill()                         #设置填充颜色为红色
7.  t.fillcolor("red")
8.  t.penup()
9.  t.goto(-100, 0)                        #设置初始位置和大小
10.  t.pendown()
11.  for i in range(5):                    #绘制五角星
```

```
12.        t.forward(200)
13.        t.right(144)
14.    t.end_fill()                          #结束填充颜色
15.    t.hideturtle()                        #隐藏画笔
16.    turtle.done()                         #关闭画布
```

在上面的代码中,第 1 行代码导入了 turtle 库,使用 import turtle 语句导入了该库,以便后续使用。

第 2 行创建了一个画布,使用了 turtle.Screen()来创建一个画布,可以在其上绘制图形。

第 3 行创建了一个画笔对象,使用了 turtle.Turtle(),这个画笔对象将用于绘制图形。

第 4 行使用了 t.pencolor("black")来设置画笔的颜色为黑色。

第 5 行使用 t.pensize(2)来设置画笔的尺寸为 2px。

第 6 行开始设置填充颜色,使用了 t.begin_fill()来标志填充的开始。

第 7 行使用了 t.fillcolor("red")来设置填充颜色为红色。

第 8 行通过 t.penup()将画笔抬起,这样在移动画笔时不会绘制轨迹。

第 9 行使用 t.goto(−100, 0)将画笔移动到坐标(−100, 0),即画布的左侧。

第 10 行使用 t.pendown()放下画笔,准备开始绘制图形。

第 11～13 行使用 for 循环,通过循环控制画笔的移动和转向,绘制了五角星的 5 条边。

第 14 行使用了 t.end_fill()来标志填充的结束,此时五角星的内部已经被红色填充。

第 15 行使用 t.hideturtle()来隐藏画笔,这样画笔就不会显示在画布上。

第 16 行使用了 turtle.done()来关闭画布,完成绘图过程。

在 PyCharm 中,运行此程序后可产生绘制五角星的动作,具体如图 10-9 所示。

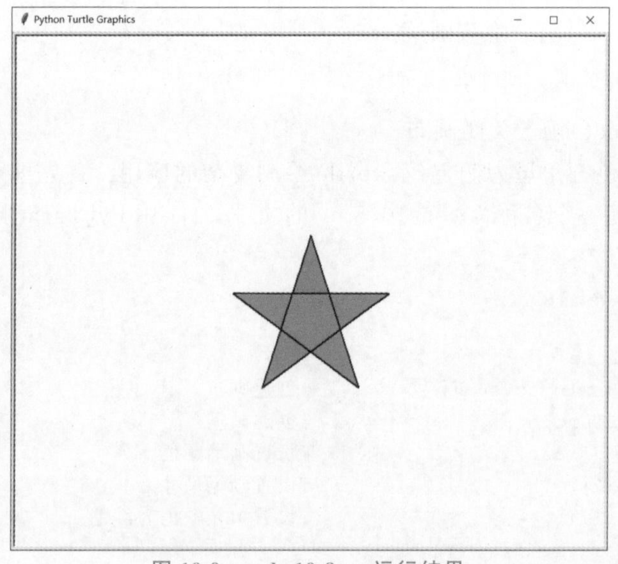

图 10-9　code 10-8.py 运行结果

通过 code 10-8.py 使用 Python 的 turtle 库成功绘制了一个填充红色的五角星。通过调用 turtle 库的相关函数和方法,可以控制画笔的颜色、尺寸以及移动、转向等行为,实现了图形的绘制。可以发现，turtle 库提供了简单而直观的绘图方式，使得图形绘制变得有趣且易于理解。感兴趣的读者可以进一步进行学习和实践，掌握 turtle 库的基本用法，并在画布上创造出丰富多彩的图形。

小结

本章主要介绍了 Python 的常见模块，分为三部分：time 模块、random 模块和 turtle 模块。在第一部分中，学习了如何使用 time 模块处理时间相关的操作，包括获取当前时间、延时操作和时间格式转换等。第二部分介绍了 random 模块，该模块提供了生成随机数和选择随机样本的功能，学习了如何生成随机数和进行随机操作。第三部分是关于 turtle 模块，探索了通过控制海龟图形的移动和绘制来创建各种图形和动画效果。

通过学习这些常见模块，读者能够掌握处理时间、生成随机数以及绘图的基本技巧。这些模块在 Python 编程中具有广泛的应用，可以帮助解决实际问题和开发有趣的应用程序。通过本章的学习，读者能够深入理解 Python 编程的核心概念和技巧，并为后续的学习打下坚实的基础。

课后练习

1. 请简要说明 time 模块的常用函数和其功能。
2. 什么是伪随机数生成器？在 random 模块中如何设置随机数生成器的种子？
3. turtle 模块中的 Turtle 类提供了哪些常用的绘图函数？
4. (　　)函数可以获取当前时间的时间戳。

   A. time.time()　　　　B. time.localtime()

   C. time.strftime()　　　　D. time.gmtime()
5. random 模块中的 choice()函数的作用是(　　)。

   A. 生成随机整数　　　　B. 从序列中随机选择一个元素

   C. 生成随机浮点数　　　　D. 设置随机数种子
6. 在 turtle 模块中，设置画笔颜色的函数是(　　)。

   A. turtle.color()　　　　B. turtle.fillcolor()

   C. turtle.pencolor()　　　　D. turtle.bgcolor()
7. 在 time 模块中，time.sleep()函数的作用是(　　)。

   A. 获取当前时间　　　　B. 延迟程序执行

   C. 将时间格式转换为字符串　　　　D. 获取时间戳
8. random 模块中的 shuffle()函数的作用是(　　)。

   A. 生成随机整数　　　　B. 从序列中随机选择一个元素

   C. 将序列随机排序　　　　D. 设置随机数种子

第11章 网络爬虫及应用

Python 语言因其简洁性和脚本特性而成为万维网（WWW）快速发展中的重要一员。其中，美国 Google 公司在搜索引擎后端采用 Python 语言进行链接处理和开发，标志着 Python 发展成熟的里程碑。随着 WWW 的迅速发展，人们对获取和提交网络信息的需求增加，这催生了一系列应用，如"网络爬虫"。为满足这些需求，Python 语言提供了许多相关的第三方库，包括 urllib、urllib2、urllib3、wget、scrapy、requests 等。

Python 网络爬虫应用中，requests 和 beautifulsoup4 是两个最重要且主流的函数库，由于它们是第三方库，需要通过 pip 进行安装。requests 库用于通过网络链接获取网页内容，而 beautifulsoup4 库用于对获得的网页内容进行处理。在网络爬虫应用中，常常遵循以下两个步骤。

(1) 通过网络链接获取网页内容：使用 requests 库可以方便地发送 HTTP 请求，获取网页的 HTML 源代码或其他数据。

(2) 对获得的网页内容进行处理：使用 beautifulsoup4 库可以解析 HTML 文档，从中提取出需要的信息，如链接、文本内容等。

除了网络爬虫，还有自动向网站提交数据的有趣应用，这也可以通过 requests 库实现。在 Python 中，通过使用这些函数库，可以实现从网络获取数据以及向网络提交数据的功能。网络爬虫和数据提交应用对于数据收集、分析和应用开发具有重要意义。

11.1 爬取网页

requests 库是一个简洁、简单且功能丰富的第三方库，用于处理 HTTP 请求。它的最大优点是与正常的 URL 访问过程更接近，使得编写程序变得更加直观。requests 库建立在 Python 语言的 urllib3 库之上，并对其功能进行了封装，提供了更友好的函数接口。借助 requests 库，可以轻松实现网页爬取，获取网页的 HTML 源代码或其他数据。使用简单而又功能强大的函数接口，编写网页爬取程序变得更加便捷。

下面对基于 requests 库进行网页爬取的步骤进行简要介绍。

1. 安装 requests 库

首先，确保已经安装了 requests 库。可以通过 pip 命令进行安装。

```
pip install requests
```

2. 导入 requests 库

在 Python 程序中导入 requests 库，以便使用其中的功能。

```
import requests
```

3. 发送 HTTP 请求

requests 库提供丰富的功能用于进行网页爬取。它是一个简洁且方便的第三方库，让我们可以像正常访问 URL 一样发送 HTTP 请求并获取服务器响应的数据。其中，requests 库与网页请求相关的函数如表 11-1 所示。

表 11-1 requests 库网页请求相关函数的说明

名　称	说　明
requests.get(url, [timeout=t])	HTTP 的 GET 方式，可选参数 timeout=t，表示设置超时时间为 t 秒
requests.post(url, data={key: value})	HTTP 的 POST 方式，参数 data 为字典类型，表示设置的传输参数
requests.put(url, data={key: value})	HTTP 的 PUT 方式，参数 data 为字典类型，表示设置的传输参数
requests.delete(url)	HTTP 的 DELETE 方式
requests.head(url)	HTTP 的 HEAD 方式
requests.options(url)	HTTP 的 OPTIONS 方式

如表 11-1 所示，常使用 requests 库的 get()或 post()函数发送 HTTP 请求。其中，get()用于发送 GET 请求，post()用于发送 POST 请求。通常使用 get()函数来获取网页的 HTML 源代码。

```
response =requests.get(url)
```

4. 处理响应数据

获取服务器响应后，可以通过 response 对象的属性和方法来处理响应数据。其中，response 对象常用属性和方法如表 11-2 所示。

表 11-2 response 对象常用属性和方法的说明

名　称	说　明
response.status_code	HTTP 返回状态码，常见的包括 200 表示成功，404 表示找不到网页，500 表示服务端错误等

续表

名称	说明
response.text	HTTP 返回内容的字符串,对应于网页的文本内容
response.content	HTTP 返回内容的二进制,常与 decode 组合来进行解析,例如 response.content.decode("utf-8")
response.encoding	HTTP 返回内容的编码类型
response.json()	HTTP 返回内容进行 JSON 格式的解析
response.raise_for_status()	HTTP 返回内容错误信息,一般用于非正常返回状态码情况下的异常分析

如表 11-2 所示,获取网页的 HTML 源代码可以使用 response.text 属性。

```
html_source =response.text
```

5. 处理异常情况

在进行网页爬取时,可能会遇到各种异常情况,例如,网络连接错误或服务器返回错误状态码。如表 11-2 所示,为了确保程序的稳定性,可以使用 try…except 语句结合 raise_for_status()方法来捕获异常并进行相应处理。

6. 设置请求头

有些网站可能对爬虫进行限制,要求在请求中设置 User-Agent 等请求头信息。可以通过 headers 参数来设置请求头。

```
html_source =response.text
headers ={
'User-Agent': 'Mozilla/5.0 (Windows NT 10.0; Win64; x64) AppleWebKit/537.36
(KHTML, like Gecko) Chrome/58.0.3029.110 Safari/537.3'
}
response =requests.get(url, headers=headers)
```

通过以上简要介绍,可以了解基于 requests 库进行网页爬取的基本流程。使用 requests 库,可以快速获取网页数据,并根据需要进行数据处理和分析。然而,在进行网页爬取时,需要注意合法性和网站的规则,以避免对网站造成不必要的负担或其他影响。

下面以爬取百度首页为例,演示 requests 库的应用。首先进入文件夹 C:\code\chapter11,然后创建一个名称为 code11_1.py 的文本文件,用 PyCharm 打开此文件,输入以下源代码。

【文件 11.1】 code11_1.py

```
1.  import requests
2.  try:
3.      response =requests.get('http://www.baidu.com')
4.      print(response.status_code)                        #状态码
5.      print(response.content.decode("utf-8"))            #获取网页内容
6.  except:
7.      print('网页请求错误')
```

在上面的代码中,第 1 行代码导入 requests 库,该库用于发送 HTTP 请求和处理响应。

第 2 行使用 try…except 语句进行异常处理,防止出现错误导致程序中断。

第 3 行在 try 代码块中,发送 GET 请求到 http://www.baidu.com,并将返回的响应保存在 response 变量中。

第 4 行使用 response.status_code 属性获取响应的状态码,并打印出来。状态码用于判断请求是否成功,其中 200 表示成功。

第 5 行使用 response.content.decode("utf-8")方法将响应的字节内容解码为 UTF-8 编码的字符串,并打印出网页的 HTML 源代码。

第 6~7 行表示若请求出现异常则输出“网页请求错误”的提示。

在 Pycharm 中,运行此程序后可爬取百度首页并输出结果,具体如图 11-1 所示。

```
D:\ProgramData\Anaconda3\python.exe C:\code\chapter11\code11_1.py
200
<!DOCTYPE html>
<!--STATUS OK--><html> <head><meta http-equiv=content-type content=text/html;charset=utf-8><meta http-equiv=X-UA-Compatible content=IE=Edge><meta content=always
 name=referrer><link rel=stylesheet type=text/css href=http://s1.bdstatic.com/r/www/cache/bdorz/baidu.min.css><title>百度一下，你就知道</title></head> <body link=#0000cc> <div
 id=wrapper> <div id=head> <div class=head_wrapper> <div class=s_form> <div class=s_form_wrapper> <div id=lg> <img hidefocus=true src=//www.baidu.com/img/bd_logo1.png
 width=270 height=129> </div> <form id=form name=f action=//www.baidu.com/s class=fm> <input type=hidden name=bdorz_come value=1> <input type=hidden name=ie value=utf-8>
```

图 11-1　code 11-1.py 运行结果

通过 code 11-1.py 使用 requests 库向百度网页发送 GET 请求,获取网页内容并解析,同时对可能出现的异常进行了处理,确保代码的稳定性和可靠性。

11.2 解析网页

对于使用 requests 库获取 HTML 页面后,需要进一步解析 HTML 页面格式,提取有用信息。为此,可以使用 beautifulsoup4 库(也称为 Beautiful Soup 库或 bs4 库)。这个库的最大优点是能根据 HTML 和 XML 语法建立解析树,从而高效地解析其中的内容。

HTML 建立的 Web 页面往往非常复杂,除了有用的内容信息外,还包括大量用于页面格式的元素。直接解析一个 Web 网页需要深入了解 HTML 语法,而且比较复杂。beautifulsoup4 库将专业的 Web 页面格式解析部分封装成函数,提供了若干有用且便捷的处理函数。在使用 beautifulsoup4 库之前,需要进行引用。由于这个库的名字非常特殊且采用面向对象方式组织,可以使用 from-import 方式从库中直接引用 BeautifulSoup 类。使用 beautifulsoup4 库可以将 HTML 页面看作一个对象,通过对象的属性和方法来获取所需的内容信息。例如,可以通过对象.属性的方式调用对象的属性(即包含的内容),或者通过对象.方法的方式调用方法(即处理函数)。

通过结合 requests 和 beautifulsoup4 库,可以构建一个简单而强大的网络爬虫,实现对网页内容的解析和提取有用信息的功能。这样,就能从复杂的 HTML 页面中轻松地获取所需的数据,为后续的数据分析和应用提供便利。

下面对基于 beautifulsoup4 库进行网页解析的步骤进行简要介绍。

1. 安装 beautifulsoup4 库

在命令行中执行以下命令,使用 pip 安装 beautifulsoup4 库。

```
pip install beautifulsoup4
```

2. 导入所需类

在 Python 程序中，使用 from bs4 import BeautifulSoup 语句导入 BeautifulSoup 类，以便在后续代码中使用。

```
from bs4 import BeautifulSoup
```

3. 获取 HTML 页面内容

使用 requests 库发送 HTTP 请求获取 HTML 页面的内容，并将其转换成字符串。

```
import requests
response =requests.get(url)
html_content =response.content.decode("utf-8")
```

4. 创建 BeautifulSoup 对象

使用 BeautifulSoup 类创建一个解析 HTML 的对象。将步骤 3 中获取的 HTML 字符串作为参数传递给 BeautifulSoup 类的构造函数。

```
soup =BeautifulSoup(html_content, 'html.parser')
```

5. 解析 HTML 页面并提取信息

基于 Python 的网络爬虫进行内容解析时，使用 beautifulsoup4 库来处理 HTML 页面会创建一个树结构的对象，其中包含 HTML 页面中的每一个标签元素，例如＜head＞、＜body＞等。因此可使用 BeautifulSoup 对象的属性和方法来解析 HTML 页面，提取所需的信息。常见的方法包括 find()、find_all()、select()等，它们可以根据标签名、CSS 选择器、正则表达式等方式定位和提取信息。其中，BeautifulSoup 对象常用属性和方法如表 11-3 所示。

表 11-3　BeautifulSoup 对象常用属性和方法

名　称	说　明
head	HTML 的＜head＞内容
title	HTML 的＜title＞内容
body	HTML 的＜body＞内容
p	HTML 的第一个＜p＞内容
find(name，attrs，recursive，string)	根据参数寻找第一个符合条件的标签，其中，name 对应标签名称、attrs 对应标签属性字典、recursive 对应查找层次、string 对应关键字条件
find_all(name，attrs，recursive，string，limit)	根据参数寻找所有符合条件的标签列表，其中，name 对应标签名称、attrs 对应标签属性字典、recursive 对应查找层次、string 对应关键字条件、limit 对应返回的数目，默认返回全部
select(selector)	根据 CSS 选择器条件来查找符合条件的标签列表

beautifulsoup4 库中的标签属性与 HTML 的标签名称相同，其中每一个标签在 beautifulsoup4 库中都是一个对象，称为 Tag 对象。标签对象有以下常用属性。

name：表示标签的名称，可以通过 Tag 对象的 name 属性获取。

attrs：表示标签的属性，是一个字典形式，包含标签中的所有属性和对应的值，可以通过 Tag 对象的 attrs 属性获取。

string：表示标签的文本内容，即尖括号之间的文本内容，可以通过 Tag 对象的 string 属性获取。

contents：表示标签的子节点列表，即标签中包含的其他标签或文本内容，可以通过 Tag 对象的 contents 属性获取。

通过这些属性，可以方便地获取标签的名称、属性、文本内容以及子节点信息，并根据需要进行进一步处理和提取。例如，可以通过＜a＞.name 获取标签名称，通过＜a＞.attrs 获取标签的所有属性，通过＜a＞.string 获取标签的文本内容，通过＜a＞.contents 获取标签的子节点列表。假设要提取页面的标题和所有链接，则可以使用以下代码。

```
#提取标题内容
title =soup.title.text
#提取所有链接
links =soup.find_all('a')
for link in links:
    print(link['href'])
```

6. 处理解析的信息

根据需要对提取的信息进行进一步处理，例如，保存到文件、进行数据分析等。

下面以爬取百度首页并提取链接信息为例，演示 requests 和 beautifulsoup4 库的应用。首先进入文件夹 C:\code\chapter11，然后创建一个名称为 code11_2.py 的文本文件，用 PyCharm 打开此文件，输入以下源代码。

【文件 11.2】 **code11_2.py**

```
1.  import requests
2.  from bs4 import BeautifulSoup
3.  try:
4.      response =requests.get('http://www.baidu.com')  #爬取网页
5.      html_content =response.content.decode("utf-8")  #网页内容
6.      soup =BeautifulSoup(html_content, 'html.parser') #网页解析
7.      links =soup.find_all('a')                        #提取所有链接
8.      for link in links:
9.          print(link['href'],link.text)                #输出 url 和内容
10. except:
11.     print('网页爬取或解析错误')
```

在上面的代码中，在第 1、2 行导入了 requests 库和 BeautifulSoup 库，这两个库是进行网页爬取和内容解析的关键工具。

第 3 行使用 try 块开始异常处理，以便捕获可能发生的爬取或解析错误。

第 4 行，使用 requests.get()方法来爬取了百度首页(http://www.baidu.com)的内容，

并将结果保存在 response 对象中。

第 5 行使用 response.content.decode("utf-8")将网页内容进行解码,并存储在 html_content 变量中,这样就得到了网页的 HTML 源代码。

第 6 行使用 BeautifulSoup 库对网页内容进行解析。BeautifulSoup 的构造函数需要传入两个参数:待解析的 HTML 内容和解析器类型。这里选择了 html.parser 作为解析器类型。

第 7 行使用 soup.find_all('a')方法,提取了网页中所有的＜a＞标签,即所有链接元素。这些链接元素将会作为一个列表存储在 links 变量中。

第 8、9 行使用 for 循环遍历 links 列表中的每个链接元素,并使用 link['href']和 link.text 分别获取链接的 URL 和链接的文本内容,然后输出到控制台。

第 10、11 行使用 except 块来捕获可能发生的错误,并输出相应的提示信息。

在 PyCharm 中,运行此程序后可爬取百度首页并输出结果,具体如图 11-2 所示。

```
D:\ProgramData\Anaconda3\python.exe C:\code\chapter11\code11_2.py
http://news.baidu.com 新闻
http://www.hao123.com hao123
http://map.baidu.com 地图
http://v.baidu.com 视频
http://tieba.baidu.com 贴吧
http://www.baidu.com/bdorz/login.gif?login&tpl=mn&u=http%3A%2F%2Fwww.baidu.com%2f%3fbdorz_come%3d1 登录
//www.baidu.com/more/ 更多产品
http://home.baidu.com 关于百度
http://ir.baidu.com About Baidu
http://www.baidu.com/duty/ 使用百度前必读
```

图 11-2　code 11-2.py 运行结果

通过 code 11-2.py 实现网页的爬取和内容解析,并提取其中的链接信息。这个例子展示了使用 Python 进行简单的网页爬取和解析的过程,为进一步开发更复杂的网络爬虫和数据提取应用打下了基础。

11.3　爬虫应用

在全球范围内,大学排名是衡量高校实力和影响力的重要指标之一。尽管排名不能完全客观地反映高校的绝对实力,但它们可以反映出高校之间的相对关系。如图 11-3 所示,本节将以软科网站发布的"2023 中国大学排名"为例,介绍如何编写一个简单的大学排名爬虫,用于从网络上获取中国大学的排名数据。

大学排名爬虫的构建主要包括三个环节:从网络上获取网页内容、分析网页内容并提取有用数据到恰当的数据结构中、利用数据结构展示或进一步处理数据。本节将介绍如何使用 requests 和 beautifulsoup4 库来构建一个简单的大学排名爬虫,并将获取的数据存储在二维列表中。

主要步骤可概括如下。

(1) 从网络上获取网页内容。

(2) 使用 requests 库发送 GET 请求,获取目标网页的 HTML 源代码。

排名	学校名称	省市	类型	总分	办学层次
1	清华大学 Tsinghua University 双一流/985/211	北京	综合	1004.1	37.5
2	北京大学 Peking University 双一流/985/211	北京	综合	910.5	35.0
3	浙江大学 Zhejiang University 双一流/985/211	浙江	综合	822.9	35.9
4	上海交通大学 Shanghai Jiao Tong Univers... 双一流/985/211	上海	综合	778.6	35.7
5	复旦大学 Fudan University 双一流/985/211	上海	综合	712.4	36.5

图 11-3 “2023 中国大学排名”部分网页截图

(3) 分析网页内容并提取数据。

(4) 使用 beautifulsoup4 库解析 HTML 源代码,定位包含排名数据的 HTML 标签,并从中提取出大学排名及相关数据。

(5) 存储数据到二维列表。

将提取到的排名数据存储在二维列表中,以便后续处理和展示。

进入文件夹 C:\code\chapter11,然后创建一个名称为 code11_3.py 的文本文件,用 PyCharm 打开此文件,输入以下源代码。

【文件 11.3】 code11_3.py

```
1.  import requests
2.  from bs4 import BeautifulSoup

3.  def get_university_ranking():
4.      url ="https://www.shanghairanking.cn/rankings/bcur/2023"
5.      try:
6.          response =requests.get(url) #发送 GET 请求获取网页内容
7.          response.raise_for_status() #检查请求是否成功
8.          html_content =response.content.decode("utf-8") #获取网页内容并解码
9.          soup =BeautifulSoup(html_content, 'html.parser') #解析网页内容
10.         ranking_table =soup.find('table', class_='rk-table') #找到排名表格
11.         rows =ranking_table.find_all('tr') #找到所有行数据
12.         university_rankings = [] #存储大学排名数据的二维列表
13.         for row in rows[1:]: #从第 2 行开始遍历,第 1 行为表头
14.             cols =row.find_all('td') #找到所有列数据
15.             university_rank =cols[0].text.strip() #提取大学排名
16.             university_name =cols[1].text.strip() #提取大学名称
17.             university_data =[university_rank, university_name] #构建一行数据
18.             university_rankings.append(university_data) #将数据添加到二维列表
19.         return university_rankings
20.     except requests.exceptions.RequestException as e:
```

```
21.         print("网页请求错误:", e)
22.         return None

23. if __name__ == "__main__":
24.     university_rankings = get_university_ranking()
25.     if university_rankings:
26.         for data in university_rankings:
27.             print(f"排名:{data[0]},大学:{data[1]}")
```

在上面的代码中,第1~2行导入了requests库和BeautifulSoup库,这两个库是进行网页爬取和内容解析的关键工具。

第3~22行定义一个名为get_university_ranking()的函数,用于获取大学排名数据。其中,第6~8行使用requests.get()方法向目标URL发送GET请求,并将响应保存在response变量中。为了确保请求成功,使用response.raise_for_status()方法来检查请求状态。接着使用response.content属性获取网页内容,该内容是字节流形式,因此需要使用decode()方法将其解码为字符串,并指定编码格式为utf-8。第9~11行使用BeautifulSoup库对网页内容进行解析。在这里用html.parser解析器来解析网页内容,并得到一个BeautifulSoup对象soup。通过观察网页源代码,找到包含大学排名数据的表格的标签名和class,然后使用soup.find()方法找到这个表格,并将其存储在ranking_table变量中。接着使用soup.find_all()方法找到表格中的所有行数据,并将它们存储在列表rows中。第12~19行创建一个空的列表university_rankings,用于存储提取到的大学排名数据。然后使用for循环遍历rows列表,从第2行开始遍历,忽略表头。在循环中使用row.find_all()方法找到当前行的所有列数据,并将它们存储在列表cols中。接着使用cols列表的索引来提取当前行的大学排名和名称,并使用text.strip()方法去除其中的空格和换行符。最后将提取到的大学排名和名称构建为一个列表university_data,并将这一行数据添加到二维列表university_rankings中。循环继续遍历下一行数据,直到所有数据提取完毕。

第23~26行是主函数,调用get_university_ranking()函数获取大学排名数据,并将其存储在university_rankings变量中。然后检查是否成功获取到数据(university_rankings是否为None)。如果成功获取到数据,则进入循环输出部分;否则,输出错误信息。第26、27行使用for循环遍历university_rankings列表,依次输出大学排名和名称。在输出时,使用格式化字符串,将大学排名和名称以相应格式输出到命令行。

在PyCharm中,运行此程序后可爬取大学排名并输出结果,具体如图11-4所示。

```
D:\ProgramData\Anaconda3\python.exe C:\code\chapter11\code11_3.py
排名: 1, 大学: 清华大学
            Tsinghua University
            双一流/985/211
排名: 2, 大学: 北京大学
            Peking University
            双一流/985/211
排名: 3, 大学: 浙江大学
            Zhejiang University
            双一流/985/211
```

图11-4 code 11-3.py运行结果

通过code 11-3.py实现一个简单的大学排名爬虫,并获取中国大学排名数据。注意,由于网页结构可能发生变化,应该定期检查代码是否需要适应新的网页结构。同时,应合理使用爬虫,遵守网站的使用规则,避免对目标网站造成过大的访问压力。

实训1 电影信息数据爬取

需求说明

编写一个 Python 程序,根据输入豆瓣网的网址,爬取电影信息。并提取电影标题、评分和评论三个特征。

训练要点

(1) 使用 request 模块进行网络内容爬取。

(2) 使用 BeautifulSoup 对爬取文本进行解析。

实现思路

(1) 输入豆瓣网前 250 部电影的网址。

(2) 因为该网站有反爬虫策略,所以需要定义 headers 中的 userAgent。

(3) 通过 request 的 get 方法获取内容。

(4) 运用 BeautifulSoup 解析内容,分别获取三个特征数据。

解决方案及关键代码

```
#爬取电影信息
def crawl_movie_info(url):
    headers ={
        'User-Agent': 'Mozilla/5.0 (Windows NT 10.0; Win64; x64) AppleWebKit/
    537.36 (KHTML, like Gecko) Chrome/114.0.0.0 Safari/537.36'}
    response =requests.get(url,headers=headers)
    soup =BeautifulSoup(response.text, 'html.parser')
    movie_data =soup.find_all('div', class_='info')
    movies =[]
    for movie in movie_data:
        title =movie.find('div', class_='hd').a.span.text.strip()
        #rating =float(movie.find('div', class_='star').span.text)
        rating =float(movie.find('div', class_='star').span.next_sibling.next_
    sibling.text.strip())
        comments =movie.find('div', class_='bd').find('p', class_='quote').
    span.text
        movies.append((title, rating, comments))
    return movies
if __name__ =="__main__":
    url ='https://movie.douban.com/top250'  #示例网页,可以根据实际需要更改
    movies =crawl_movie_info(url)
```

小结

本章主要介绍了 Python 语言在网络爬虫及应用方面的重要性和应用场景。在 Python 网络爬虫应用中，requests 和 beautifulsoup4 是两个最重要且主流的第三方函数库。requests 库用于通过网络链接获取网页内容，能够方便地发送 HTTP 请求，获取网页的 HTML 源代码或其他数据。而 beautifulsoup4 库则用于对获得的网页内容进行处理，它可以解析 HTML 文档，从中提取出需要的信息，如链接、文本内容等。

通过本章的学习，读者可以了解 Python 在网络爬虫及应用领域的重要地位，并学会使用 requests 和 beautifulsoup4 库来进行网页爬取和内容解析。这为读者进一步开发更复杂的网络爬虫和数据处理应用提供了基础。同时，也为数据收集和应用开发提供了一些有趣的思路和方法。

课后练习

1. 什么是网络爬虫？简要描述其工作原理。
2. 请简要介绍 Python 中的 requests 库，以及它在网络爬虫中的作用。
3. 请简要介绍 Python 中的 beautifulsoup4 库，以及它在网络爬虫中的作用。
4. requests 库主要用于什么？（　　）

   A. 发送网络请求　　B. 解析和处理 HTML 和 XML

   C. 处理 JSON 数据　　D. 提交表单数据
5. beautifulsoup4 库主要用于什么？（　　）

   A. 发送网络请求　　B. 解析和处理 HTML 和 XML

   C. 处理 JSON 数据　　D. 提交表单数据
6. 在使用 BeautifulSoup 库解析 HTML 文档时，如何提取所有的链接？（　　）

   A. soup.find_all('a')　　B. soup.get_all('a')

   C. soup.find('a')　　D. soup.get('a')
7. 如何在 BeautifulSoup 中提取标签的文本内容？（　　）

   A. soup.find_all('a')　　B. soup.get_all('a')

   C. soup.find('a')　　D. soup.get('a')
8. 如何通过 BeautifulSoup 获取标签的属性？（　　）

   A. tag.attributes　　B. tag.attr　　C. tag.attrs;　　D. tag.attribute;

第12章 数据分析与可视化

随着数据科学和人工智能的迅速发展，数据分析和可视化已成为解决实际问题和发现数据内在规律的关键步骤。Python 语言因其简洁性和易用性，在数据领域得到了广泛的应用。许多优秀的第三方库为 Python 提供了强大的数据处理和可视化能力，极大地推动了 Python 在数据分析领域的发展。本章重点介绍数据分析与可视化的关键工具：numpy 模块、pandas 模块和 Matplotlib 模块。通过学习这三个工具，读者可以更好地进行数据分析与可视化，深入了解数据并发现其中的规律。这些工具在数据科学、机器学习、金融分析等领域具有广泛的应用，是 Python 数据分析与可视化的重要支持。

12.1 numpy 模块

Python 标准库提供了 array 类型，用于保存数组类型数据。然而，这个类型不支持多维数据，处理函数也不够丰富，因此不适合进行复杂的数值运算和科学计算。为满足科学计算的需求，Python 语言的第三方库 NumPy 应运而生，并迅速发展成为事实上的标准库。

NumPy 库处理的最基础数据类型是多维数组，也称为 ndarray(N-dimensional array)，简称为“数组”。在数组中，所有元素的类型必须相同，而且可以用整数索引来访问元素，索引序号从 0 开始。数组的维度被称为轴，数组的轴个数被称为秩。一维数组的秩为 1，二维数组的秩为 2，以此类推。可以将二维数组看作由若干一维数组构成。

由于 NumPy 库中的函数较多且命名可能与常用命名冲突，通常建议采用以下方式引用 NumPy 库。

```
import numpy as np
```

这里的 as 保留字与 import 一起使用，能够改变后续代码中库的命名空间，有助于提高代码的可读性。简单地说，在程序的后续部分，可以使用 np 代替 numpy，使得代码更加简洁易读。通过引入 NumPy 库，可以进行高效的数值计算和处理多维数据，为科学计算提供强大的支持。

12.1.1 数组创建

NumPy 库是进行数值计算和科学计算的重要工具，其中，创建数组是常见且重要的操作。NumPy 提供了丰富的函数用于创建数组（ndarray 类型），其中常用的创建数组函数可概括如表 12-1 所示。

表 12-1 NumPy 常用的数组创建函数

名称	说明
array([a,b], dtype)	将输入数据（列表、元组、数组等）转换为数组
zeros((r,c), dtype)	创建全 0 数组，该数组为 r 行、c 列，dtype 类型
ones((r,c), dtype)	创建全 1 数组，该数组为 r 行、c 列，dtype 类型
empty((r,c), dtype)	创建一个未初始化的数组，该数组为 r 行、c 列，dtype 类型
arange(a, b, c)	返回给定间隔内的均匀间隔值的数组，该数组由 a 到 b，以 c 为步长
linspace(a,b,c)	返回指定范围内的等间隔数字的数组，该数组由 a 到 b，等分为 c 个元素
random.rand(r,c)	创建指定形状的随机数组，该数组为 r 行、c 列

下面以数组创建为例，演示不同创建函数的效果。首先进入文件夹 C:\code\chapter12，然后创建一个名称为 code12_1.py 的文本文件，用 PyCharm 打开此文件，输入以下源代码。

【文件 12.1】 code12_1.py

```
1.  import numpy as np
2.  print(np.array([1,3,5,7,9], dtype=int))
3.  print(np.zeros((2,2), dtype=int))
4.  print(np.ones((2,3), dtype=int))
5.  print(np.empty((2,2), dtype=int))
6.  print(np.arange(0, 10, 2))
7.  print(np.linspace(0, 10, 5))
8.  print(np.random.rand(1,4))
```

在上面的代码中，第 1 行代码导入了 NumPy 库并将其命名为 np，这样在后续代码中可以使用 np 代替 NumPy。

第 2 行代码使用 np.array()函数创建了一个包含整数类型元素的一维数组。传入的参数为[1, 3, 5, 7, 9]，dtype=int 表示数组元素的数据类型为整数。

第 3 行代码使用 np.zeros()函数创建了一个 2×2 的全 0 数组。传入的参数为(2, 2)，dtype=int 表示数组元素的数据类型为整数。

第 4 行代码使用 np.ones()函数创建了一个 2×3 的全 1 数组。传入的参数为(2, 3)，dtype=int 表示数组元素的数据类型为整数。

第 5 行代码使用 np.empty()函数创建了一个 2×2 的未初始化数组。传入的参数为(2, 2)，dtype=int 表示数组元素的数据类型为整数。注意，由于数组未初始化，其元素值可能接近 0。

第 6 行代码使用 np.arange()函数返回一个包含 0～9(不包括 10)以 2 为步长的均匀间隔值的数组。

第 7 行代码使用 np.linspace()函数返回一个包含 0～10 之间 5 个等间隔数字的数组。

第 8 行代码使用 np.random.rand()函数创建了一个形状为(1, 4)的随机数组。这里的随机数组是在 0～1 均匀分布的随机数。

在 PyCharm 中,运行此程序后可创建数组并输出结果,具体如图 12-1 所示。

```
D:\ProgramData\Anaconda3\python.exe C:\code\chapter12\code12_1.py
[1 3 5 7 9]
[[0 0]
 [0 0]]
[[1 1 1]
 [1 1 1]]
[[0 0]
 [0 0]]
[0 2 4 6 8]
[ 0.   2.5  5.   7.5 10. ]
[[0.39805135 0.63943871 0.15430987 0.46696305]]
```

图 12-1　code 12-1.py 运行结果

12.1.2　数组属性

创建数组后,通过访问数组的属性,可以了解数组的结构和基本信息,方便后续的数据处理和分析。其中,常用的属性如表 12-2 所示。

表 12-2　NumPy 常用的数组属性

名　　称	说　　明
ndim	数组的维度(轴的个数)
shape	数组的维度大小,用元组表示每个维度的大小
size	数组中元素的总数
dtype	数组元素的数据类型
itemsize	数组中每个元素的字节大小
data	包含数组实际元素的缓冲区

下面以数组属性查看为例,演示不同的数组属性。首先进入文件夹 C:\code\chapter12,然后创建一个名称为 code12_2.py 的文本文件,用 PyCharm 打开此文件,输入以下源代码。

【文件 12.2】　code12_2.py

```
1.  import numpy as np
2.  arr=np.ones((2,3), dtype=int)
3.  print(arr.ndim)
4.  print(arr.shape)
5.  print(arr.size)
6.  print(arr.dtype)
7.  print(arr.itemsize)
```

```
8.  print(arr.data)
```

在上面的代码中,第 1 行代码导入了 NumPy 库并将其命名为 np,这样在后续代码中可以使用 np 代替 NumPy。

第 2 行代码创建了一个 2 行 3 列的数组 arr,其中所有元素的值都为 1,数据类型为整数(dtype=int)。np.ones 是 NumPy 库中的函数,用于创建一个具有指定形状的数组,并且可以指定数组元素的初始值。

第 3 行代码输出了数组 arr 的维度。由于 arr 是一个二维数组,它有两个维度,所以输出结果为 2。

第 4 行代码输出了数组 arr 的形状,即每个维度的大小。对于本例中的数组 arr,它有 2 行 3 列,因此输出结果为(2, 3)。

第 5 行代码输出了数组 arr 中元素的总数。对于本例中的数组 arr,它有 2 行 3 列,共有 6 个元素,所以输出结果为 6。

第 6 行代码输出了数组 arr 的数据类型。由于在创建数组时指定了数据类型为整数(dtype=int),所以输出结果为 int32,表示数组中的元素是 32 位整数。

第 7 行代码输出了数组 arr 中每个元素所占的字节数。在本例中,创建的数组数据类型是 32 位整数,所以每个元素占用 4 字节,因此输出结果为 4。

第 8 行代码输出了数组 arr 的内存地址。数组对象中的 data 属性指向实际存储数组元素的缓冲区。输出结果为类似＜memory at 0x7f8ceff2aa00＞的内存地址。

在 PyCharm 中,运行此程序后可查看数组属性并输出结果,具体如图 12-2 所示。

```
D:\ProgramData\Anaconda3\python.exe C:\code\chapter12\code12_2.py
2
(2, 3)
6
int32
4
<memory at 0x0000024CCB99BE10>
```

图 12-2　code 12-2.py 运行结果

12.1.3　数组变换

在 NumPy 中,数组被视作对象,可以采用＜a＞.＜b＞的方式调用一些方法,特别是包含一些改变数组基础形态的操作方法,例如,改变和调换数组维度等。其中,常用的数组变换方法如表 12-3 所示。

表 12-3　NumPy 常用的数组变换方法

名　称	说　明
reshape(r, c)	改变数组的形状,返回具有新形状(r, c)维度的数组,原数组保持不变
resize(new_shape)	改变数组的形状,返回一个新数组,并可重复填充数组元素
flatten()	将多维数组降维成一维数组,展开数组中的所有元素成一维序列
ravel()	将数组降维,返回数组的视图,与原数组共享内存
transpose()	对数组进行转置操作,交换数组的维度

续表

名　称	说　明
swapaxes(ax1, ax2)	交换数组的两个维度,接收两个参数表示要交换的维度编号

下面以数组变换为例,演示不同的形态操作方法。首先进入文件夹 C:\code\chapter12,然后创建一个名称为 code12_3.py 的文本文件,用 PyCharm 打开此文件,输入以下源代码。

【文件 12.3】 code12_3.py

```
1.  import numpy as np
2.  arr=np.array([1,3,5,7,9,11], dtype=int)
3.  print(arr)
4.  print(arr.reshape(3,2))
5.  arr.resize((1,6)) #改变了原数组
6.  print(arr)
7.  print(arr.flatten())
8.  print(arr.ravel())
9.  print(arr.transpose())
10.  print(arr.swapaxes(0,1))
```

第 1 行代码使用了 import numpy as np 语句引入了 NumPy 库,并将其命名为 np,这是一种常见的简写方式,方便后续代码中使用 np 来代替 numpy,提高代码的可读性。

第 2 行代码创建了一个一维数组 arr,数组的内容为[1, 3, 5, 7, 9, 11],数据类型为整型。

第 3 行代码使用了 print(arr)语句打印输出数组 arr 的内容,即[1, 3, 5, 7, 9, 11]。

第 4 行代码使用了 arr.reshape(3,2)方法改变数组 arr 的形状为 3 行 2 列的二维数组,即将原来的一维数组转换为 3 行 2 列的二维数组。打印输出改变形状后的结果:

```
[[1  3]
 [5  7]
 [9 11]]
```

第 5 行代码使用了 arr.resize((1,6))方法改变了数组 arr 的形状为 1 行 6 列的二维数组,并注意到这个操作会直接改变原数组 arr 的形状。修改后的数组内容为[[1 3 5 7 9 11]]。

第 7 行代码使用了 arr.flatten()方法将二维数组降维成一维数组,并打印输出降维后的结果,即[1 3 5 7 9 11]。降维后的数组成为一个包含所有原始数组元素的一维数组。

第 8 行代码使用了 arr.ravel()方法同样将数组 arr 降维成一维数组,打印输出降维后的结果,与 flatten()方法得到的结果相同。ravel()方法也可以用于将多维数组降维成一维数组。

第 9 行代码使用了 arr.transpose()方法对数组 arr 进行转置操作,即将原数组的行和列对换。打印输出转置后的结果,数组的行变为列,列变为行。由于 arr 是 1 行 6 列的数组,转置后的数组仍然是 1 行 6 列。

第 10 行代码使用了 arr.swapaxes(0,1)方法交换数组 arr 的两个维度,即将原数组的第一维和第二维交换。打印输出交换后的结果,数组的行变为列,列变为行。由于 arr 是 1 行

6 列的数组,交换维度后的数组仍然是 1 行 6 列。

在 PyCharm 中,运行此程序后可进行数组形态变换操作并输出结果,具体如图 12-3 所示。

```
D:\ProgramData\Anaconda3\python.exe C:\code\chapter12\code12_3.py
[ 1  3  5  7  9 11]
[[ 1  3]
 [ 5  7]
 [ 9 11]]
[[ 1  3  5  7  9 11]]
[ 1  3  5  7  9 11]
[ 1  3  5  7  9 11]
[[ 1]
 [ 3]
 [ 5]
 [ 7]
 [ 9]
 [11]]
[[ 1]
```

图 12-3 code 12-3.py 运行结果

12.1.4 数组访问

NumPy 的核心功能是 ndarray 对象,它是一个由同种类型元素构成的多维数组,可以用整数索引访问和操作其中的元素。ndarray 对象有多个维度(也称为轴),每个维度的大小称为该维度的长度。通过 ndarray 对象,可以高效地进行数组的创建、操作、运算以及数值计算,尤其在处理大规模数据时,NumPy 的优势更加明显。其中,常用的数组访问方式如表 12-4 所示。

表 12-4 NumPy 常用的数组访问方式

名　　称	说　　明
arr[index]	获取数组中索引为 index 的元素
arr[start:stop]	获取数组中从 start 到 stop(不包括 stop)之间的元素,形成切片
arr[start:]	获取数组中从 start 到最后一个元素的切片
arr[:stop]	获取数组中从第一个元素到 stop(不包括 stop)的切片
arr[slice]	使用 slice 对象获取数组的切片
array[mask]	使用布尔数组 mask 获取符合条件的元素的切片

下面以数组访问为例,演示不同的数组访问方式。首先进入文件夹 C:\code\chapter12,然后创建一个名称为 code12_4.py 的文本文件,用 PyCharm 打开此文件,输入以下源代码。

【文件 12.4】 code12_4.py

```
1.  import numpy as np
2.  arr=np.array([1,3,5,7,9,11], dtype=int)
3.  arr.resize((2,3))                       #修改为 2 行 3 列的形式
4.  print(arr)
5.  print(arr[0])
6.  print(arr[1:4])
```

```
7.  print(arr[1:])
8.  print(arr[:5])
9.  print(arr[0,:])
10.  print(arr[arr>2])
```

第 1 行代码使用了 import numpy as np 语句引入了 NumPy 库，并将其命名为 np，这是一种常见的简写方式，方便后续代码中使用 np 来代替 numpy，提高代码的可读性。

第 2 行代码创建了一个一维的 ndarray 对象 arr，其中包含 6 个整数元素。

第 3 行代码使用 resize()方法，将数组 arr 修改为 2 行 3 列的形式。

第 4 行代码打印修改后的数组 arr，现在它变成了一个二维数组，有 2 行 3 列。结果为

```
[[ 1  3  5]
 [ 7  9 11]]
```

第 5 行代码通过索引 0 访问数组 arr 的第一行。输出为

```
[1 3 5]
```

第 6 行代码使用切片[1:4]，访问数组 arr 的第 2～4 行(不包括第 4 行)。输出为

```
[[ 7 9 11]]
```

第 7 行代码使用切片[1:]，访问数组 arr 的第 2 行及以后的所有行。输出为

```
[[ 7 9 11]]
```

第 8 行代码使用切片[:5]，访问数组 arr 的前 5 行。输出为

```
[[1 3 5]
 [7 9 11]]
```

第 9 行代码使用索引 0 和切片[:]，访问数组 arr 的第 1 行的所有元素。输出为

```
[1 3 5]
```

第 10 行代码利用条件切片 arr[arr > 2]，获取数组中所有满足条件"元素大于 2"的元素。输出为

```
[ 3  5  7  9  11]
```

在 PyCharm 中，运行此程序后可进行数组访问并输出结果，具体如图 12-4 所示。

```
D:\ProgramData\Anaconda3\python.exe C:\code\chapter12\code12_4.py
[[ 1  3  5]
 [ 7  9 11]]
[1 3 5]
[[ 7  9 11]]
[[ 7  9 11]]
[[ 1  3  5]
 [ 7  9 11]]
[1 3 5]
[ 3  5  7  9 11]
```

图 12-4　code 12-4.py 运行结果

12.1.5 数组运算

除了 ndarray 类型的方法，NumPy 库还提供了一批运算函数，包括算术运算函数（如加法、减法、乘法、除法等）、比较运算函数（如等于、大于、小于等）和数学运算函数（如 sqrt()、log()、exp()等），用于对数组进行各种算术运算和比较操作等。其中，常用的数组运算方法如表 12-5 所示。

表 12-5 NumPy 常用的数组运算方法

名　　称	说　　明
add(a, b)	数组元素求和
subtract(a, b)	数组元素相减
multiply(a, b)	数组元素相乘
divide(a, b)	数组元素相除
power(a, b)	数组元素求幂
sqrt(a)	数组元素求平方根
exp(a)	数组元素的指数函数（e 的幂）
log(a)	数组元素的自然对数
sin(a)	数组元素的正弦函数
cos(a)	数组元素的余弦函数
tan(a)	数组元素的正切函数
equal(a, b)	检查数组元素是否相等
not_equal(a, b)	检查数组元素是否不相等
greater(a, b)	检查数组元素是否大于
greater_equal(a, b)	检查数组元素是否大于或等于
less(a, b)	检查数组元素是否小于
less_equal(a, b)	检查数组元素是否小于或等于
logical_and(a, b)	对两个数组元素进行逻辑与操作
logical_or(a, b)	对两个数组元素进行逻辑或操作
logical_not(a)	对数组元素进行逻辑非操作

下面以数组运算为例，演示不同的算术运算和比较操作等。首先进入文件夹 C:\code\chapter12，然后创建一个名称为 code12_5.py 的文本文件，用 PyCharm 打开此文件，输入以下源代码。

【文件 12.5】 code12_5.py

```
1.  import numpy as np
2.  a =np.array([1, 2, 3, 4, 5])                    #创建数组 a
3.  b =np.array([5, 4, 3, 2, 1])                    #创建数组 b
4.  addition =np.add(a, b)                          #数组元素求和
5.  subtraction =np.subtract(a, b)                  #数组元素相减
```

```
6.  multiplication =np.multiply(a, b)              #数组元素相乘
7.  division =np.divide(a, b)                      #数组元素相除
8.  power =np.power(a, b)                          #数组元素求幂
9.  sqrt =np.sqrt(a)                               #数组元素求平方根
10.  equal =np.equal(a, b)                         #检查数组元素是否相等
11.  greater =np.greater(a, b)                     #检查数组元素是否大于
12.  greater_equal =np.greater_equal(a, b)         #检查数组元素是否大于或等于
13.  less =np.less(a, b)                           #检查数组元素是否小于
14.  less_equal =np.less_equal(a, b)               #检查数组元素是否小于或等于
15.  print("数组 a =", a)
16.  print("数组 b =", b)
17.  print("加法运算:", addition)
18.  print("减法运算:", subtraction)
19.  print("乘法运算:", multiplication)
20.  print("除法运算:", division)
21.  print("幂运算:", power)
22.  print("数组 a 的平方根:", sqrt)
23.  print("数组元素是否相等:", equal)
24.  print("数组元素是否大于:", greater)
25.  print("数组元素是否大于或等于:", greater_equal)
26.  print("数组元素是否小于:", less)
27.  print("数组元素是否小于或等于:", less_equal)
```

第 1 行代码使用了 import numpy as np 语句引入了 NumPy 库，并将其命名为 np，这是一种常见的简写方式，方便后续代码中使用 np 来代替 numpy，提高代码的可读性。

第 2 行代码创建一个名为 a 的 NumPy 数组，其中包含整数元素 1、2、3、4 和 5。

第 3 行代码创建一个名为 b 的 NumPy 数组，其中包含整数元素 5、4、3、2 和 1。

第 4 行代码使用 np.add() 函数对数组 a 和 b 进行加法运算，得到一个新的数组 addition，该数组包含 a 和 b 对应位置元素相加的结果。

第 5 行代码使用 np.subtract() 函数对数组 a 和 b 进行减法运算，得到一个新的数组 subtraction，该数组包含 a 和 b 对应位置元素相减的结果。

第 6 行代码使用 np.multiply() 函数对数组 a 和 b 进行乘法运算，得到一个新的数组 multiplication，该数组包含 a 和 b 对应位置元素相乘的结果。

第 7 行代码使用 np.divide() 函数对数组 a 和 b 进行除法运算，得到一个新的数组 division，该数组包含 a 和 b 对应位置元素相除的结果。

第 8 行代码使用 np.power() 函数对数组 a 和 b 进行幂运算，得到一个新的数组 power，该数组包含 a 中的元素分别与 b 中的元素对应位置求幂的结果。

第 9 行代码使用 np.sqrt() 函数对数组 a 进行平方根运算，得到一个新的数组 sqrt，该数组包含 a 中元素的平方根。

第 10 行代码使用 np.equal() 函数检查数组 a 和 b 的对应位置元素是否相等，得到一个新的布尔数组 equal，其中，元素为 True 表示对应位置元素相等，为 False 表示对应位置元素不等。

第 11 行代码使用 np.greater() 函数检查数组对应位置元素 a 是否大于 b，得到一个新的布尔数组 greater，其中，元素为 True 表示对应位置元素 a 大于 b，为 False 表示对应位置

元素 a 不大于 b。

第 12 行代码使用 np.greater_equal()函数检查数组对应位置元素 a 是否大于或等于 b，得到一个新的布尔数组 greater_equal，其中，元素为 True 表示对应位置元素 a 大于或等于 b，为 False 表示对应位置元素 a 小于 b。

第 13 行代码使用 np.less()函数检查数组对应位置元素 a 是否小于 b，得到一个新的布尔数组 less，其中，元素为 True 表示对应位置元素 a 小于 b，为 False 表示对应位置元素 a 不小于 b。

第 14 行代码使用 np.less_equal()函数检查数组对应位置元素 a 是否小于或等于 b，得到一个新的布尔数组 less_equal，其中，元素为 True 表示对应位置元素 a 小于或等于 b，为 False 表示对应位置元素 a 大于 b。

第 15 行代码输出数组 a 的内容。

第 16 行代码输出数组 b 的内容。

第 17 行代码输出加法运算的结果。

第 18 行代码输出减法运算的结果。

第 19 行代码输出乘法运算的结果。

第 20 行代码输出除法运算的结果。

第 21 行代码输出幂运算的结果。

第 22 行代码输出数组 a 的平方根。

第 23 行代码输出数组元素是否相等的结果。

第 24 行代码输出数组元素是否大于的结果。

第 25 行代码输出数组元素是否大于或等于的结果。

第 26 行代码输出数组元素是否小于的结果。

第 27 行代码输出数组元素是否小于或等于的结果。

在 PyCharm 中，运行此程序后可进行数组访问并输出结果，具体如图 12-5 所示。

```
D:\ProgramData\Anaconda3\python.exe C:\code\chapter12\code12_5.py
数组 a = [1 2 3 4 5]
数组 b = [5 4 3 2 1]
加法运算: [6 6 6 6 6]
减法运算: [-4 -2  0  2  4]
乘法运算: [5 8 9 8 5]
除法运算: [0.2 0.5 1.  2.  5. ]
幂运算: [ 1 16 27 16  5]
数组 a 的平方根: [1.         1.41421356 1.73205081 2.         2.23606798]
数组元素是否相等: [False False  True False False]
数组元素是否大于: [False False False  True  True]
数组元素是否大于或等于: [False False  True  True  True]
数组元素是否小于: [ True  True False False False]
数组元素是否小于或等于: [ True  True  True False False]
```

图 12-5　code 12-5.py 运行结果

12.2　pandas 模块

pandas(Python Data Analysis Library)是基于 NumPy 的数据分析模块，为 Python 提供了大量标准数据模型和高效操作大型数据集所需的工具，因此使得 Python 成为高效且强大的数据分析环境的重要因素之一。

pandas 主要提供了以下两种数据结构。

Series(数据系列)：带标签的一维数组，类似于 Python 中的列表或数组，但每个元素都有一个标签或索引，使得数据更具有可读性和可操作性。

DataFrame(数据帧)：带标签且大小可变的二维表格结构，类似于 Excel 中的数据表或 SQL 中的关系型数据表，可以将它看作由多个 Series 组成的二维数据结构。

借助 pandas 提供的这些数据结构，可以轻松地进行数据清洗、数据重组、数据分析等操作。同时 pandas 还提供了丰富的数据操作和处理函数，使得数据分析和处理变得更加简单和高效。

12.2.1 Series

pandas 中的 Series 是一种一维数据结构，类似于 Python 中的列表或数组。它由两个主要部分组成：索引(index)和值(values)。索引是数据的标签，用于标识每个数据点，而值则是实际的数据。Series 提供了丰富的功能和方法，方便进行数据操作和处理。其中常用的 Series 操作可概括如表 12-6 所示。

表 12-6 Series 常用的操作说明

操作	说明	示例
创建 Series	使用给定数据创建一个 Series 对象	s = pd.Series([1, 2, 3, 4, 5])
查看数据	查看 Series 对象中的数据	print(s)
	查看指定位置的数据	print(s[0])
索引和切片	使用标签或位置索引获取 Series 中的元素	print(s['a'])
	使用位置索引切片获取 Series 中的元素	print(s[1:4])
运算和聚合	对 Series 中的元素进行运算和聚合操作	print(s.sum())
	计算 Series 中元素的均值	print(s.mean())
数据过滤和处理	根据条件过滤 Series 中的数据	print(s[s > 2])
缺失数据处理	将缺失值替换为指定值	s = pd.Series([1, 2, None, 4, 5]) s.fillna(0)
数据对齐	对两个 Series 对象进行对齐操作	s1 = pd.Series([1, 2, 3], index=['a', 'b', 'c']) s2 = pd.Series([4, 5, 6], index=['b', 'c', 'd']) s3 = s1 + s2
数据合并和连接	将多个 Series 对象合并成一个	s1 = pd.Series([1, 2, 3]) s2 = pd.Series([4, 5, 6]) s3 = pd.concat([s1, s2])
数据排序	对 Series 中的元素进行排序	s = pd.Series([3, 1, 2, 5, 4]) s.sort_values()
数据统计和描述性分析	对 Series 中的数据进行统计和描述性分析	s = pd.Series([1, 2, 3, 4, 5]) s.sum() s.mean()

续表

操　　作	说　　明	示　　例
数据可视化	使用图形展示 Series 中的数据	s = pd.Series([1, 2, 3, 4, 5]) s.plot(kind='bar')

下面以 Series 对象的使用为例，演示不同操作的效果。首先进入文件夹 C:\code\chapter12，然后创建一个名称为 code12_6.py 的文本文件，用 PyCharm 打开此文件，输入以下源代码。

【文件 12.6】 code12_6.py

```
1.  import pandas as pd
2.  s =pd.Series([1, 2, 3, 4, 5])                    #创建一个 Series 对象
3.  print("Series 数据:", s)                          #查看 Series 中的数据
4.  print("索引位置 0 的数据:", s[0])                  #查看指定位置的数据
5.  print("元素之和:", s.sum())                        #对 Series 中的元素进行运算和聚合操作
6.  print("元素的均值:", s.mean())
7.  print("大于 2 的元素:", s[s >2])                   #根据条件过滤 Series 中的数据
8.  s_with_null =pd.Series([1, 2, None, 4, 5])   #将缺失值替换为指定值
9.  s_with_null_filled =s_with_null.fillna(0)
10.  print("替换缺失值后的 Series:", s_with_null_filled)
11.  s1 =pd.Series([1, 2, 3], index=['a', 'b', 'c'])  #对两个 Series 对象进行对齐
                                                      #操作
12.  s2 =pd.Series([4, 5, 6], index=['b', 'c', 'd'])
13.  s3 =s1 +s2
14.  print("对齐后的 Series:", s3)
15.  s_to_sort =pd.Series([3, 1, 2, 5, 4])  #对 Series 中的元素进行排序
16.  s_sorted =s_to_sort.sort_values()
17.  print("排序后的 Series:", s_sorted)
18.  s_stats =pd.Series([1, 2, 3, 4, 5])     #对 Series 中的数据进行统计和描述性分析
19.  print("数据之和:", s_stats.sum())
20.  print("数据的均值:", s_stats.mean())
```

在上面的代码中，第 1 行使用 import 语句引入了 pandas 库，并将其命名为 pd。这是 Python 中常用的引入第三方库的方式，通过 pd 来调用 pandas 库的函数和方法。

第 2 行代码创建了一个名为 s 的 Series 对象，通过 pd.Series()构造函数，传入一个列表[1, 2, 3, 4, 5]，这个列表就成为 Series 对象的数据。Series 是 pandas 中的一种数据结构，类似于带标签的一维数组。

第 3 行使用 print 函数查看 Series 中的数据，输出结果为

```
0    1
1    2
2    3
3    4
4    5
dtype: int64
```

第 4 行代码使用索引位置 0 来访问 Series 中的数据，即 s[0]，输出结果为 1，表示 Series 中第一个位置的元素是 1。

第 5 行代码通过 sum()方法对 Series 中的元素进行求和,输出结果为 15,即 1+2+3+4+5 的和。

第 6 行代码通过 mean()方法对 Series 中的元素进行求平均值,输出结果为 3.0,即(1+2+3+4+5)/5 的平均值。

第 7 行代码使用布尔数组条件 s > 2 来过滤 Series 中的数据,输出结果为

```
2    3
3    4
4    5
dtype: int64
```

第 8 行代码创建了一个名为 s_with_null 的 Series 对象,通过 pd.Series()构造函数,传入一个包含 None 的列表[1, 2, None, 4, 5],其中的 None 表示缺失值。

第 9、10 行代码使用 fillna(0)方法将缺失值替换为 0,创建了一个新的 Series 对象 s_with_null_filled,输出结果为

```
0    1.0
1    2.0
2    0.0
3    4.0
4    5.0
dtype: float64
```

第 11、12 行代码创建了另外两个 Series 对象 s1 和 s2,分别包含整数 1、2、3 和 4、5、6 的序列,并指定了相应的索引['a', 'b', 'c']和['b', 'c', 'd']。

第 13、14 行代码对两个 Series 对象 s1 和 s2 进行运算时,由于它们具有不同的索引,因此在运算过程中会自动对齐相同索引的元素。例如,s1 中的索引为'a',而 s2 中没有对应的索引,所以在相加运算时,对应位置会出现缺失值。输出结果为

```
a    NaN
b    6.0
c    8.0
d    NaN
dtype: float64
```

第 15 行代码创建了一个名为 s_to_sort 的 Series 对象,包含整数 3、1、2、5、4 的序列。

第 16、17 行代码使用 sort_values()方法对 Series 中的元素进行排序,默认按照元素的大小升序排序。输出结果为

```
1    1
2    2
0    3
4    4
3    5
dtype: int64
```

第 18 行代码创建了另外一个名为 s_stats 的 Series 对象,包含整数 1、2、3、4、5 的序列。

第 19 行代码使用 sum()方法对 Series 中的元素进行求和,输出结果为 15,即 1+2+

3＋4＋5 的和。

第 20 行代码使用 mean()方法对 Series 中的元素进行求平均值，输出结果为 3.0，即(1＋2＋3＋4＋5)/5 的平均值。

在 PyCharm 中，运行此程序后可创建数组并输出结果，具体如图 12-6 所示。

```
D:\ProgramData\Anaconda3\python.exe C:\code\chapter12\code12_6.py
Series数据: 0    1
1    2
2    3
3    4
4    5
dtype: int64
索引位置0的数据: 1
元素之和: 15
元素的均值: 3.0
大于2的元素: 2    3
3    4
4    5
dtype: int64
替换缺失值后的Series: 0    1.0
```

图 12-6 code 12-6.py 运行结果

12.2.2 DataFrame

pandas 中的 DataFrame 是一个二维的数据结构，类似于表格，可以看作由多个 Series 对象按列组成的。DataFrame 提供了丰富的方法和工具，用于数据的清洗、转换、分析和可视化等操作，是进行数据分析和处理的重要工具之一。DataFrame 提供了丰富的功能和方法，方便进行数据操作和处理。其中常用的 DataFrame 操作可概括如表 12-7 所示。

表 12-7 DataFrame 常用的操作说明

操　作	说　明	示　例
DataFrame()	创建一个空的 DataFrame 对象	df = pd.DataFrame()
pd.read_csv()	从 CSV 文件中读取数据并创建 DataFrame 对象	df = pd.read_csv('data.csv')
df.head()	显示 DataFrame 的前几行数据，默认前 5 行	df.head()
df.tail()	显示 DataFrame 的后几行数据，默认后 5 行	df.tail()
df.info()	显示 DataFrame 的基本信息，包括数据类型和非空值数量等	df.info()
df.describe()	显示 DataFrame 的基本统计信息，包括均值、标准差、最小值、最大值等	df.describe()
df.shape	返回 DataFrame 的维度，即行数和列数	df.shape
df.columns	返回 DataFrame 的列名	df.columns
df.index	返回 DataFrame 的索引值	df.index
df.values	返回 DataFrame 的数据数组	df.values
df['column']	选择 DataFrame 的指定列	df['column']
df.loc[]	通过标签索引选择行或列	df.loc[2] # 选择第 2 行

续表

操　　作	说　　明	示　　例
df.iloc[]	通过整数索引选择行或列	df.iloc[1:4] ＃选择第 1～3 行
df.drop()	删除 DataFrame 的指定行或列	df.drop(2) ＃删除第 2 行
df.dropna()	删除包含缺失值的行	df.dropna()
df.fillna()	将 DataFrame 中的缺失值替换为指定值	df.fillna(0) ＃将缺失值替换为 0
df.sort_values()	对 DataFrame 按指定列进行排序	df.sort_values('column')
df.groupby()	对 DataFrame 进行分组聚合	df.groupby('column').mean

下面以 DataFrame 对象的使用为例，演示不同操作的效果。首先进入文件夹 C:\code\chapter12，然后创建一个名称为 code12_7.py 的文本文件，用 PyCharm 打开此文件，输入以下源代码。

【文件 12.7】 code12_7.py

```
1.  import pandas as pd
2.  data ={
3.      'Name': ['Wang', 'Liu', 'Zhang', 'Li', 'Hu'],
4.      'Age': [25, 28, 22, 30, 24],
5.      'City': ['Beijing', 'Jinan', 'Qindao', 'Changsha', 'Shenyang']
6.  }                                    #创建一个 DataFrame 对象
7.  df =pd.DataFrame(data)
8.  print("DataFrame 的前几行数据:")
9.  print(df.head())
10.  print("\nDataFrame 的基本信息:")
11.  print(df.info())
12.  print("\nDataFrame 的基本统计信息:")
13.  print(df.describe())
14.  print("\n 选择 DataFrame 的指定列:")
15.  print(df['Name'])
16.  print("\n 通过标签索引选择行或列:")
17.  print(df.loc[2])                   #选择第 2 行
18.  print("\n 通过整数索引选择行或列:")
19.  print(df.iloc[1:4])                #选择第 1~3 行
20.  print("\n 删除 DataFrame 的指定行:")
21.  print(df.drop(2))                  #删除第 2 行
22.  df_with_null =pd.DataFrame({'A': [1, 2, None], 'B': [4, None, 6]})
23.  print("\n 删除包含缺失值的行:")
24.  print(df_with_null.dropna())
25.  print("\n 将 DataFrame 中的缺失值替换为指定值:")
26.  print(df_with_null.fillna(0))    #将缺失值替换为 0
27.  print("\n 对 DataFrame 按指定列进行排序:")
28.  print(df.sort_values('Age'))
29.  print("\n 对 DataFrame 进行分组聚合:")
30.  print(df.groupby('City').mean())
```

在上面的代码中，第 1 行使用 import 语句引入了 pandas 库，并将其命名为 pd。这是

Python 中常用的引入第三方库的方式，通过 pd 来调用 pandas 库的函数和方法。

第 2～6 行代码创建了一个包含姓名、年龄和城市信息的字典 data。

第 7 行使用 data 字典创建了一个 DataFrame 对象 df，其中，字典的键作为列名，字典的值作为每列的数据。

第 8、9 行代码使用 print 函数打印了 DataFrame 的前几行数据，这里使用了 head()方法，默认打印前 5 行数据。

第 10、11 行代码使用 info()方法打印了 DataFrame 的基本信息，包括列名、非空值数量和数据类型等。

第 12、13 行代码使用 describe()方法打印了 DataFrame 的基本统计信息，包括计数、均值、标准差等。

第 14、15 行代码选择了 DataFrame 的指定列 Name，使用 print 函数将其打印出来。

第 16、17 行代码使用 loc 方法，通过标签索引选择了 DataFrame 的第 2 行数据，并打印出来。

第 18、19 行代码使用 iloc 方法，通过整数索引选择了 DataFrame 的第 1～3 行数据，并打印出来。

第 20、21 行代码通过 drop()方法删除了 DataFrame 的第 2 行，并打印了删除后的 DataFrame。

第 22～24 行代码创建了一个包含缺失值的 DataFrame 对象 df_with_null，并使用 dropna()方法删除了包含缺失值的行，并打印了结果。

第 25、26 行代码使用 fillna()方法将 df_with_null 中的缺失值替换为 0，并打印了替换后的 DataFrame。

第 27、28 行代码使用 sort_values()方法按照 Age 列对 DataFrame 进行排序，并打印排序后的 DataFrame。

第 29、30 行代码使用 groupby()方法按照 City 列对 DataFrame 进行分组聚合，计算每个城市年龄的平均值，并打印出来。

在 PyCharm 中，运行此程序后可创建数组并输出结果，具体如图 12-7 所示。

```
D:\ProgramData\Anaconda3\python.exe C:\code\chapter12\code12_7.py
DataFrame的前几行数据:
    Name  Age      City
0   Wang   25   Beijing
1    Liu   28     Jinan
2  Zhang   22   Qindao
3     Li   30  Changsha
4     Hu   24  Shenyang

DataFrame的基本信息:
<class 'pandas.core.frame.DataFrame'>
RangeIndex: 5 entries, 0 to 4
Data columns (total 3 columns):
 #   Column  Non-Null Count  Dtype
```

图 12-7　code 12-7.py 运行结果

12.3 Matplotlib 模块

Matplotlib 是一个 Python 中常用的数据绘图库，其 pyplot 子库主要用于实现各种数据展示图形的绘制。通过 pyplot，用户可以绘制各种类型的图表，如折线图、散点图、柱状图、直方图等，以便更直观地展示数据和分析结果。

12.3.1 绘图配置

要使用 Matplotlib 的 pyplot 子库，首先需要导入它。一般情况下，使用 import matplotlib.pyplot as plt 语句将其导入，并使用 plt 作为别名。这样做有助于提高代码的可读性，因为后续的代码中可以使用更简洁的 plt 代替 matplotlib.pyplot。

```
import matplotlib.pyplot as plt
```

在使用 Matplotlib 绘制图形时，有时需要显示中文标签。为了正确显示中文字体，可以通过以下代码更改默认设置，并指定中文字体为 SimHei(黑体字)。

```
import matplotlib.pyplot as plt
plt.rcParams['font.sans-serif'] = ['SimHei']
```

通过“plt.rcParams['font.sans-serif']=['SimHei']”设置字体为“黑体”，此外也支持其他的字体设置，比较常用的中文字体参数可参见表 12-8。

表 12-8 plt 常用中文字体设置

名称	参数	名称	参数
黑体	SimHei	楷体	KaiTi
宋体	SimSun	微软雅黑	Microsoft YaHei
仿宋	FangSong	华文宋体	STSong

使用 Matplotlib 的 pyplot 库进行数据绘图主要包括以下几个步骤。

1. 准备数据

首先准备好需要绘制的数据，例如，x 轴和 y 轴的数据。

2. 绘制图形

使用 plt 对象的绘图函数来绘制图形，例如，使用 plt.plot()绘制折线图、plt.scatter()绘制散点图等。

3. 设置图形属性

根据需要，可以设置图形的标题、标签、颜色、线型等属性。

4. 显示图形

使用 plt.show()函数来显示绘制好的图形。

下面以绘制抛物线为例，演示绘图的基本过程。首先进入文件夹 C:\code\chapter12，然后创建一个名称为 code12_8.py 的文本文件，用 PyCharm 打开此文件，输入以下源代码。

【文件 12.8】 code12_8.py

```
1.  import matplotlib.pyplot as plt
2.  plt.rcParams['font.sans-serif']=['SimHei']
3.  x =[i for i in range(-100,100)]
4.  y =[i * i for i in range(-100,100)]
5.  plt.figure()                            #绘图窗口
6.  plt.plot(x, y)                          #按 x、y 绘图
7.  plt.xlabel('x')                         #设置 x 轴标签
8.  plt.ylabel('y')                         #设置 y 轴标签
9.  plt.title('抛物线')                      #设置标题
10.  plt.show()                             #显示绘图
```

在上面的代码中，第 1 行代码导入了 Matplotlib 的 pyplot 子库，并使用 plt 作为别名，以便后续代码更简洁可读。

第 2 行代码设置中文字体为 SimHei(黑体字)，以便在绘图中正确显示中文字符。

第 3、4 行代码准备数据，创建一个包含从－100 到 99 的整数的列表 x，然后创建一个列表 y，其中包含对 x 中每个元素进行平方运算的结果。

第 5 行代码创建绘图窗口。

第 6 行代码使用 plt.plot()函数绘制折线图，将 x 作为 x 轴数据，y 作为 y 轴数据。

第 7 行代码使用 plt.xlabel()设置 x 轴的标签为'x'。

第 8 行代码使用 plt.ylabel()设置 y 轴的标签为'y'。

第 9 行代码使用 plt.title()设置图表的标题为“抛物线”。

第 10 行代码使用 plt.show()显示绘制好的折线图。

在 PyCharm 中，运行此程序后可绘制抛物线并显示，具体如图 12-8 所示。

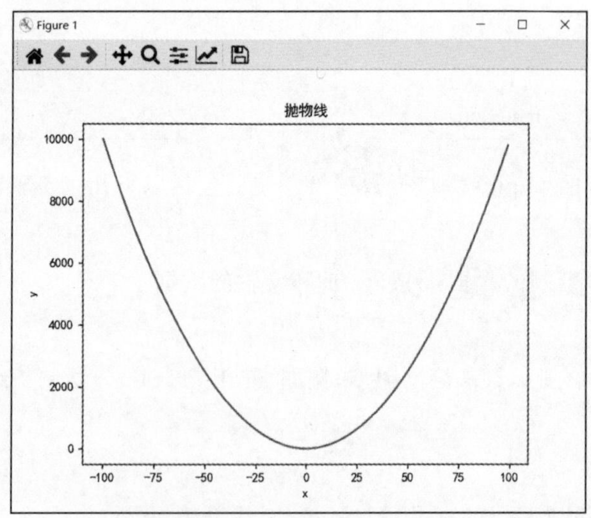

图 12-8　code 12-8.py 运行结果

12.3.2 绘制曲线图

Matplotlib 是 Python 中用于绘图和数据可视化的主要库，其中，pyplot 子库是 Matplotlib 的绘图工具包，提供了丰富的绘图功能，包括绘制各种直线、曲线等图形。其中，绘制图形的关键函数是 plt.plot()，可以用于绘制各种直线、曲线等图形。其调用方式如下。

```
plt.plot(x, y, label, color, linewidth, linestyle, …)
```

参数说明如下。

x：表示待绘制的 x 轴坐标值对象，通常为一个列表或数组。

y：表示待绘制的 y 轴坐标值对象，通常为一个列表或数组，与 x 对应。

label：表示当前绘图对应的标签信息，并支持在图例说明(plt.legend)中显示。

color：表示线的颜色，可以使用预定义颜色名称(如'red'、'blue'、'green'等)或 RGB 格式的颜色值。

linewidth：表示线的宽度，是一个数值。

linestyle：表示线的类型，可以使用不同的字符串来表示，例如，'-'表示实线，'--'表示虚线，':'表示点线等。

plt.plot()函数除了上述参数外，还支持很多其他可选参数，用于设置图形的样式、标签、图例等。

下面对一个考勤应用进行可视化分析。假设某班级共 30 人，上个月参加共 18 天的实践培训，班长记录了每天学生出勤人数，见表 12-9。请根据上课天数和出勤人数来绘制一个示意图，便于直观查看对比出勤情况，并对最少出勤天数的情况进行标记说明。

表 12-9　某班级学生出勤人数统计表

天数	1	2	3	4	5	6	7	8	9
出勤数	30	29	28	29	25	23	24	23	22
天数	10	11	12	13	14	15	16	17	18
出勤数	21	22	23	22	24	25	27	27	29

下面将考勤天数作为 x 轴，出勤天数作为 y 轴，应用 plot 函数可以画出曲线图。首先进入文件夹 C:\code\chapter12，然后创建一个名称为 code12_9.py 的文本文件，用 PyCharm 打开此文件，输入以下源代码。

【文件 12.9】 code12_9.py

```
1.  import matplotlib.pyplot as plt
2.  plt.rcParams['font.sans-serif']=['SimHei']                        #设置字体
3.  x =[i for i in range(1,19)]                                       #天数
4.  y =[30,29,28,29,25,23,24,23,22,21,22,23,22,24,25,27,27,29]         #出勤数
5.  ym =min(y)                                                        #最小值
6.  xm =x[y.index(ym)]
7.  plt.figure()                                                      #绘图窗口
8.  plt.plot(x, y, label='实践课出勤数', linewidth=2)                   #按 x、y 绘图
```

```
9.  plt.text(xm, ym-0.5, '('+str(xm)+','+str(ym)+')')    #设置文本说明
10.  plt.xlabel('天数')                                    #设置 x 轴标签
11.  plt.ylabel('出勤数')                                  #设置 y 轴标签
12.  plt.xlim(0.5,18.5)                                    #设置 x 轴范围
13.  plt.ylim(10,31)                                       #设置 y 轴范围
14.  plt.title('出勤数统计-曲线图')                       #设置标题
15.  plt.legend(loc='best')                                #显示标签
16.  plt.show()                                            #显示绘图
```

在上面的代码中,第 1 行代码导入了 Matplotlib 的 pyplot 子库,并使用 plt 作为别名,以便后续代码更简洁可读。

第 2 行代码设置中文字体为 SimHei(黑体字),以便在绘图中正确显示中文字符。

第 3 行代码创建一个包含 1～18 的整数的列表,用于表示天数。

第 4 行代码创建一个包含出勤数的列表,与天数列表一一对应。

第 5 行代码计算出勤数列表中的最小值,用于后续文本说明。

第 6 行代码根据最小值在出勤数列表中找到对应的天数,用于后续文本说明。

第 7 行代码创建绘图窗口,用于显示绘制的图形。

第 8 行代码使用 plt.plot()函数绘制曲线图,其中,x 和 y 分别为横坐标和纵坐标的数据,label 为该曲线的标签,linewidth 指定曲线的宽度为 2。

第 9 行代码使用 plt.text()函数在图中添加文本说明,显示最小值对应的坐标。

第 10 行代码设置 x 轴的标签为"天数"。

第 11 行代码设置 y 轴的标签为"出勤数"。

第 12、13 行代码设置 x 轴的范围为 0.5～18.5,略微扩展以确保图形边缘的点不会被截断。

第 14 行代码设置图表的标题为"出勤数统计-曲线图"。

第 15 行代码显示标签,将标签添加到图表中,并根据最佳位置放置。

第 16 行代码显示绘制的图形。此函数是必需的,否则图形将不会显示在屏幕上。

在 PyCharm 中,运行此程序后可绘制曲线并显示,具体如图 12-9 所示。

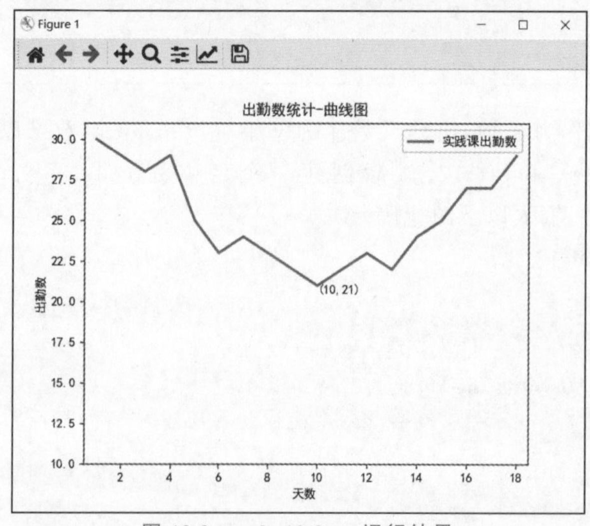

图 12-9　code 12-9.py 运行结果

12.3.3 绘制散点图

应用 matplotlib.pyplot 绘图工具包中的 scatter 函数，可以实现散点图绘制，scatter 函数调用方式如下。

```
plt.scatter(x, y, label, color, s, marker,…)
```

参数说明如下。

x 和 y：表示待绘制的横坐标和纵坐标的数据。

label：当前绘图对应的标签信息，支持在图例说明(plt.legend)中显示。

color：表示点的颜色，可以是预定义的颜色名称(例如，'red'、'blue'等)，也可以是 RGB 元组(例如(0.5, 0.2, 0.8))。

s：表示点的大小，可以是一个标量，表示所有点的大小相同；也可以是一个与 x 和 y 长度相同的数组，表示每个点的大小不同。

marker：表示点的类型，可以是预定义的符号(例如，'o'表示圆圈，'^'表示三角形等)，也可以是其他符号。

依然以表 12-9 数据为例，将考勤天数作为 x 轴，出勤天数作为 y 轴，应用 scatter 函数可以画出散点图。首先进入文件夹 C:\code\chapter12，然后创建一个名称为 code12_10.py 的文本文件，用 PyCharm 打开此文件，输入以下源代码。

【文件 12.10】 code12_10.py

```
1.  import matplotlib.pyplot as plt
2.  plt.rcParams['font.sans-serif']=['SimHei']                              #设置字体
3.  x =[i for i in range(1,19)]                                             #天数
4.  y =[30,29,28,29,25,23,24,23,22,21,22,23,22,24,25,27,27,29]              #出勤数
5.  ym =min(y)                                                              #最小值
6.  xm =x[y.index(ym)]
7.  plt.figure()                                                            #绘图窗口
8.  plt.scatter(x, y, label='实践课出勤数')
9.  plt.scatter(xm, ym, label='最小出勤数', color='red')
10.  plt.text(xm, ym-1, '('+str(xm)+','+str(ym)+')')                        #设置文本说明
11.  plt.xlabel('天数')                                                     #设置 x 轴标签
12.  plt.ylabel('出勤数')                                                   #设置 y 轴标签
13.  plt.xlim(0.5,18.5)                                                     #设置 x 轴范围
14.  plt.ylim(10,31)                                                        #设置 y 轴范围
15.  plt.title('出勤数统计-散点图')                                         #设置标题
16.  plt.legend(loc='best')                                                 #显示标签
17.  plt.show()                                                             #显示绘图
```

在上面的代码中，第 1 行代码导入了 Matplotlib 的 pyplot 子库，并使用 plt 作为别名，以便后续代码更简洁可读。

第 2 行代码设置中文字体为 SimHei(黑体字)，以便在绘图中正确显示中文字符。

第 3 行代码创建一个包含 1～18 的整数的列表，用于表示天数。

第 4 行代码创建一个包含出勤数的列表，与天数列表一一对应。

第 5 行代码计算出勤数列表中的最小值，用于后续文本说明。

第 6 行代码根据最小值在出勤数列表中找到对应的天数，用于后续文本说明。

第 7 行代码创建绘图窗口，用于显示绘制的图形。

第 8 行代码使用 plt.scatter 函数绘制散点图，传入 x 和 y 作为坐标数据，并设置标签为“实践课出勤数”。

第 9 行代码使用 plt.scatter 函数再次绘制散点图，传入 xm 和 ym 作为坐标数据，并设置标签为“最小出勤数”，颜色为红色。

第 10 行代码使用 plt.text()函数在图中添加文本说明，显示最小值对应的坐标。

第 11 行代码设置 x 轴的标签为“天数”。

第 12 行代码设置 y 轴的标签为“出勤数”。

第 13、14 行代码设置 x 轴的范围为 0.5～18.5，略微扩展以确保图形边缘的点不会被截断。

第 15 行代码设置图表的标题为“出勤数统计-散点图”。

第 16 行代码显示标签，将标签添加到图表中，并根据最佳位置放置。

第 17 行代码显示绘制的图形。此函数是必需的，否则图形将不会显示在屏幕上。

在 PyCharm 中，运行此程序后可绘制散点图并显示，具体如图 12-10 所示。

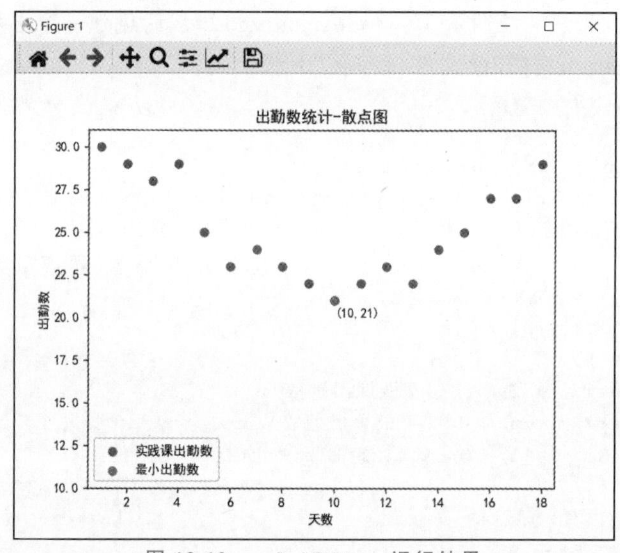

图 12-10　code 12-10.py 运行结果

12.3.4　绘制柱状图

应用 matplotlib.pyplot 绘图工具包中的 bar 函数，可绘制柱状图，bar 函数调用方式如下。

```
plt.bar(x, height, label, color, width, linewidth,…)
```

参数说明如下。

x：表示待绘制的柱状图的位置，通常为一个列表或数组，用于指定每个柱子的横坐标位置。

height：表示待绘制的柱状图的高度，通常为一个列表或数组，用于指定每个柱子的高度或值。

label：表示当前绘图对应的标签信息，可以在图例说明（plt.legend）中显示，用于标识不同的柱状图。

color：表示柱的颜色，可以是一个字符串，如'red'、'blue'，或者是一个表示颜色的RGB值。

width：表示柱的大小，即柱的宽度，默认值为0.8。

linewidth：表示柱的边框宽度，默认值为None，表示没有边框。

依然以表12-9数据为例，绘制柱状图，并对最少出勤天数的情况进行标记说明，应用bar函数可以画出柱状图。首先进入文件夹C:\code\chapter12，然后创建一个名称为code12_11.py的文本文件，用PyCharm打开此文件，输入以下源代码。

【文件12.11】 code12_11.py

```
1.  import matplotlib.pyplot as plt
2.  plt.rcParams['font.sans-serif']=['SimHei']                                   #设置字体
3.  x =[i for i in range(1,19)]                                                  #天数
4.  y =[30,29,28,29,25,23,24,23,22,21,22,23,22,24,25,27,27,29]                  #出勤数
5.  ym =min(y)                                                                   #最小值
6.  xm =x[y.index(ym)]
7.  plt.figure()                                                                 #绘图窗口
8.  plt.bar(x, y, label='实践课出勤数')
9.  plt.bar(xm, ym, label='最小出勤数', color='red')
10.  plt.xlabel('天数')                                                          #设置 x 轴标签
11.  plt.ylabel('出勤数')                                                        #设置 y 轴标签
12.  plt.xlim(0.5,18.5)                                                          #设置 x 轴范围
13.  plt.ylim(10,31)                                                             #设置 y 轴范围
14.  plt.title('出勤数统计-柱状图')                                              #设置标题
15.  plt.legend(loc='best')                                                      #显示标签
16.  plt.show()                                                                  #显示绘图
```

在上面的代码中，第1行代码导入了Matplotlib的pyplot子库，并使用plt作为别名，以便后续代码更简洁可读。

第2行代码设置中文字体为SimHei（黑体字），以便在绘图中正确显示中文字符。

第3行代码创建一个包含1～18的整数的列表，用于表示天数。

第4行代码创建一个包含出勤数的列表，与天数列表一一对应。

第5行代码计算出勤数列表中的最小值，用于后续文本说明。

第6行代码根据最小值在出勤数列表中找到对应的天数，用于后续文本说明。

第7行代码创建绘图窗口，用于显示绘制的图形。

第8行代码使用bar函数绘制柱状图，其中，x和y分别代表横轴和纵轴的数据，label用于标识这个柱状图在图例中的说明。

第9行代码用红色标记出最小出勤数的柱状图，label用于标识这个柱状图在图例中的说明。

第10行代码设置x轴的标签为“天数”。

第 11 行代码设置 y 轴的标签为“出勤数”。

第 12、13 行代码设置 x 轴的范围为 0.5～18.5，略微扩展以确保图形边缘的点不会被截断。

第 14 行代码设置图表的标题为“出勤数统计-柱状图”。

第 15 行代码显示标签，将标签添加到图表中，并根据最佳位置放置。

第 16 行代码显示绘制的图形。此函数是必需的，否则图形将不会显示在屏幕上。

在 PyCharm 中，运行此程序后可绘制柱状图并显示，具体如图 12-11 所示。

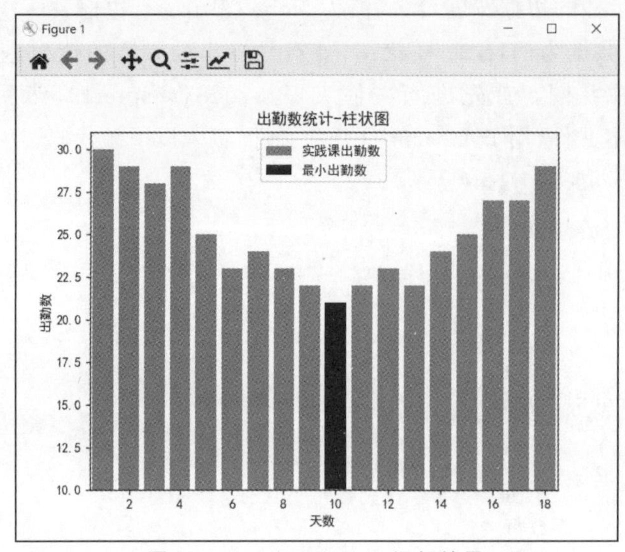

图 12-11 code 12-11.py 运行结果

12.3.5 绘制直方图

matplotlib.pyplot 绘图工具包中的 hist 函数用于绘制直方图，直方图可以帮助我们直观地观察数据的分布情况，包括频次分布和数据离散度等，在数据统计分析应用中有广泛的应用。hist 函数的调用方式如下。

```
n, bins, patches =plt.hist(x, bins, label, rwidth, color,…)
```

输入参数说明如下。

x：表示待处理的数据对象，即要绘制直方图的数据。

bins：表示要进行统计的区间数目，也就是直方图的柱子数量，可以指定区间的个数或者区间的范围。

label：表示当前绘图对应的标签信息，可以在图例说明(plt.legend)中显示，用于区分不同的直方图。

rwidth：表示直方图的相对宽度大小，可以调整柱子的宽度。

color：表示直方图的颜色，可以指定不同的颜色来区分不同的直方图。

返回参数说明如下。

n：表示直方图向量，包含每个区间的频次，用于绘制直方图。

bins：表示直方图对应的范围，即各个区间的边界值。

patches：表示直方图包含的数据列表，可以用于进一步修改直方图的属性。

依然以表12-9数据为例，绘制直方图，进行4个区间直方图统计，并对统计结果标记说明。首先进入文件夹C:\code\chapter12，然后创建一个名称为code12_12.py的文本文件，用PyCharm打开此文件，输入以下源代码。

【文件12.12】 code12_12.py

```
1.  import matplotlib.pyplot as plt
2.  plt.rcParams['font.sans-serif']=['SimHei']                     #设置字体
3.  x =[i for i in range(1,19)]                                    #天数
4.  y =[30,29,28,29,25,23,24,23,22,21,22,23,22,24,25,27,27,29]     #出勤数
5.  ym =min(y)                                                     #最小值
6.  xm =x[y.index(ym)]
7.  plt.figure()                                                   #绘图窗口
8.  n, bins, patches =plt.hist(y, bins=4, color='blue', rwidth=0.8)
9.  for i in range(len(n)):
10.      s ='[{0}--{1}]->{2}'.format(bins[i],bins[i+1],int(n[i]))
11.      plt.text(bins[i], n[i], s)
12.   plt.xlabel('出勤数')                                          #设置x轴标签
13.   plt.ylabel('频次')                                            #设置y轴标签
14.   plt.show()                                                    #显示绘图
```

在上面的代码中，第1行代码导入了Matplotlib的pyplot子库，并使用plt作为别名，以便后续代码更简洁可读。

第2行代码设置中文字体为SimHei(黑体字)，以便在绘图中正确显示中文字符。

第3行代码创建一个包含1～18的整数的列表，用于表示天数。

第4行代码创建一个包含出勤数的列表，与天数列表一一对应。

第5行代码计算出勤数列表中的最小值，用于后续文本说明。

第6行代码根据最小值在出勤数列表中找到对应的天数，用于后续文本说明。

第7行代码创建绘图窗口，用于显示绘制的图形。

第8行代码使用hist函数绘制直方图。指定bins＝4，即将出勤数的范围分为4个区间，并设置直方图的颜色为蓝色，宽度为0.8。

第9～11行代码通过循环遍历直方图的每个柱子，将柱子的边界值和频次信息添加到图表中。这样，可以在每个柱子上方显示区间范围和对应的频次。

第12行代码设置x轴的标签为“出勤数”。

第13行代码设置y轴的标签为“频次”。

第14行代码显示绘制的图形。此函数是必需的，否则图形将不会显示在屏幕上。

在PyCharm中，运行此程序后可绘制直方图并显示，具体如图12-12所示。

本节列出了matplotlib.pyplot工具包中一些常用的绘图方法和属性设置，限于篇幅还有很多其他的方法没有列出，感兴趣的读者可以参考Matplotlib的官方参考网址：

https://matplotlib.org/stable/api/pyplot_summary.html

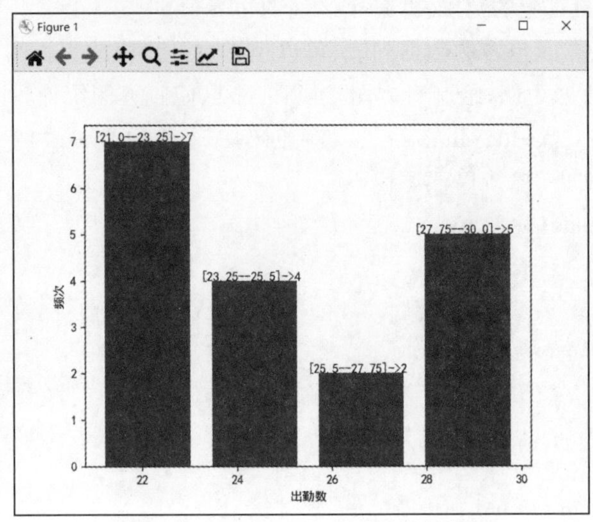

图 12-12　code 12-12.py 运行结果

实训 2　电影评分可视化

需求说明

根据所爬取的电影标题、评分和评论三个特征,绘制电影各种得分情况的数量,以直方图方式呈现,并绘制其核密度估计图,协助理解数据分布情况。

训练要点

(1) 采用 Matplotlib 绘制图表。

(2) 绘制多个子图。

(3) 基于 list 列表创建自定义列名的 DataFrame。

实现思路

(1) 基于爬取的电影特征数据创建 pandas 的 DataFrame 对象。

(2) 绘制第一个子图,即电影评分情况的直方图。

(3) 绘制第二个子图,即电影评分的核密度估计图。

解决方案及关键代码

```
#分析和可视化数据
def analyze_and_visualize(movies):
    df =pd.DataFrame(movies, columns=['Title', 'Rating', 'Comments'])
    print(df.describe())

    plt.figure(figsize=(10, 5))
    plt.subplot(1, 2, 1)
    df['Rating'].plot(kind='hist', bins=25)
    plt.title('Histogram of Ratings')
    plt.xlabel('Rating')
```

```
    plt.ylabel('Frequency')

    plt.subplot(1, 2, 2)
    df['Rating'].plot(kind='kde')
    plt.title('Density Estimate of Ratings')
    plt.xlabel('Rating')
    plt.show()
#主程序
if __name__=='__main__':
    url='https://movie.douban.com/top250'  #示例网页,可以根据实际需要更改
    movies=crawl_movie_info(url)
    analyze_and_visualize(movies)
```

运行结果如图 12-13 所示。

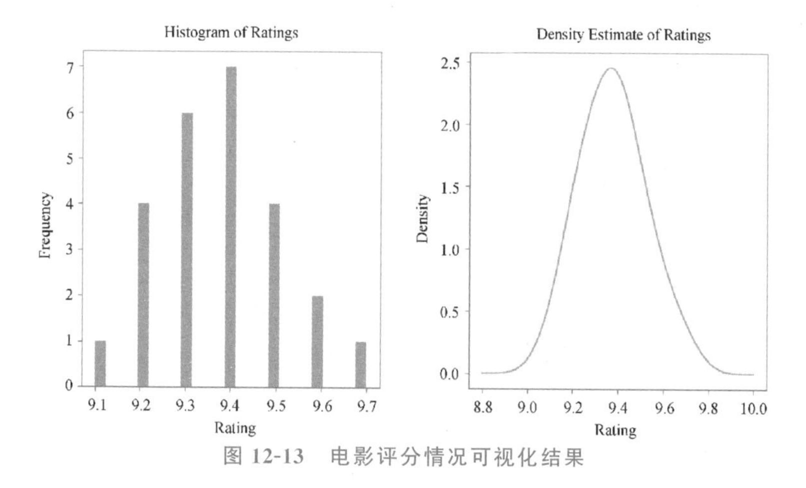

图 12-13　电影评分情况可视化结果

小结

本章主要介绍了数据分析与可视化的关键工具：numpy 模块、pandas 模块和 Matplotlib 模块。numpy 是 Python 中用于数值计算和科学计算的核心库。它提供高效的多维数组对象(ndarray),支持广播和向量化运算,能够快速处理大规模数据。numpy 包含丰富的数学、逻辑和数组操作函数,如平均值、标准差、最大值、最小值等。使用 numpy 可以更高效地进行数值计算和数据处理,numpy 是数据分析中不可或缺的基础库。pandas 是 Python 中用于数据处理和分析的强大库。它提供两个主要的数据结构 Series 和 DataFrame,分别用于处理一维和二维数据。pandas 具有强大的数据处理功能,可以轻松地处理数据缺失、数据合并、数据分组等,大大提高了数据处理的便捷性。pandas 还提供灵活且直观的数据索引和选择方式,使得数据的筛选和操作更加方便。Matplotlib 是 Python 中用于绘图和数据可视化的主要库。它提供丰富的绘图功能,包括散点图、直方图、折线图等各种图表。Matplotlib 允许用户灵活配置图形的样式、标签、颜色等,使得数据可视化更加美观和直观。通过 Matplotlib,用户可以更好地展示和传达数据的意义,发现数据之间的关联和规律。

通过本章的学习，读者可以掌握在 Python 中进行数据处理、分析和可视化的关键技能，为实际问题解决和数据发现提供了有力的支持。同时，这些工具也为数据领域的进一步学习和应用打下了坚实的基础。

课后练习

1. 什么是 numpy 模块？它在数据分析中的作用是什么？
2. pandas 中的 DataFrame 和 Series 有什么区别？请举例说明它们的用途。
3. Matplotlib 模块的主要功能是什么？简述绘图流程。
4. 如何在 Matplotlib 中设置图形的标题、横轴标签和纵轴标签？
5. numpy 中的 ndarray 对象是什么类型的数据结构？（　　）
   A. 多维数组　　B. 列表　　C. 字典　　D. 元组
6. 在 pandas 中，通过哪个方法可以查看 DataFrame 的前几行数据？（　　）
   A. show()　　B. display()　　C. head()　　D. top()
7. 如何在 Matplotlib 中绘制散点图？（　　）
   A. plt.scatter()　　B. plt.plot()　　C. plt.bar()　　D. plt.hist()
8. Matplotlib 中的 plt.legend()函数用于什么？（　　）
   A. 绘制图例　　B. 显示坐标轴　　C. 设置图形标题　　D. 设置图形颜色